这样选鞋不踩坑

丘　理　主编

中国人口出版社
China Population Publishing House
全国百佳出版单位

图书在版编目（CIP）数据

这样选鞋不踩坑 / 丘理主编；林登云等副主编 . --
北京：中国人口出版社，2024.10

ISBN 978-7-5101-8841-1

Ⅰ. ①这… Ⅱ. ①丘… ②林… Ⅲ. ①鞋－基本知识
Ⅳ. ① TS943.7

中国版本图书馆 CIP 数据核字（2022）第 230344 号

这样选鞋不踩坑

ZHEYANG XUAN XIE BU CAI KENG

丘理 主编

责任编辑 江 舒
装帧设计 华兴嘉誉
责任印制 王艳如 任伟英
出版发行 中国人口出版社
印 刷 小森印刷（北京）有限公司
开 本 880 毫米 ×1230 毫米 1/32
印 张 5.5
字 数 117 千字
版 次 2024 年 10 月第 1 版
印 次 2024 年 10 月第 1 次印刷
书 号 ISBN 978-7-5101-8841-1
定 价 46.80 元

电子信箱 rkcbs@126.com
总编室电话 （010）83519392
办公室电话 （010）83519400
传 真 （010）83519400
发行部电话 （010）83557247
网销部电话 （010）83530809
地 址 北京市海淀区交大东路甲 36 号
邮 编 100044

编委会

主　编　丘　理

副主编　林登云　黄小花　汪　洋
赵　颖　黄惠琼

前言

Preface

古语有云："人之有脚，犹如树之有根；树枯根先竭，人老脚先衰。"可见脚的重要。脚被喻为人体的"第二心脏"，每天承担着我们一百多斤的体重来回奔走。

据不完全统计，我国的足疾患者数量居高不下。足部疾患不仅影响行走和运动，还会危害大脑、脊椎、神经系统和关节等，同时我们发现，不科学的运动方式和选鞋不当造成的伤害事件也日益增多。

所以，我们搜集整理相关资料撰写了这本书，让更多关心学步期宝宝足部健康和希望预防老人摔倒的朋友们，以及喜爱运动的大小朋友们，掌握更多与鞋有关的知识，并能根据场景选择合适的鞋子，给双脚更好的保护。

本书涵盖从儿童、中青年到老年人的鞋类知识以及热门运动用鞋知识，分为学步期选鞋、各类儿童体育类培训班选鞋、儿童足部常见问题与保健方式、中青年运动发烧友选鞋、上班族选鞋及老人选鞋六个部分。在编写过程中，我们力求深入浅出、易于对照翻阅，避免过多使用专业术语，同时加入相应的插画，希望能为大家提供生动、有趣的阅读体验。

千里之行始于足下。想让足部保持健康，选择合脚的鞋、健康的鞋是首要条件。让我们共同知足、护足、爱足；让我们一起知鞋、识鞋、选鞋，让一双合适的鞋陪伴您健康前行。

感谢赵颖、林登云、黄小花、汪洋和黄惠琼的共同编写，以及插图作者赵伊菲提供的精美画作，感谢大家的辛苦付出。

在本书的编写过程中，我们参阅了国内外相关权威出版物和论文，然而由于编写时间紧，疏漏在所难免。在此，我们对所有可能出现的问题深表歉意，欢迎各位读者提出宝贵意见，谢谢！

丘　理

2024年10月

目 录

Contents

第一部分

“学步”这种运动，怎么选鞋

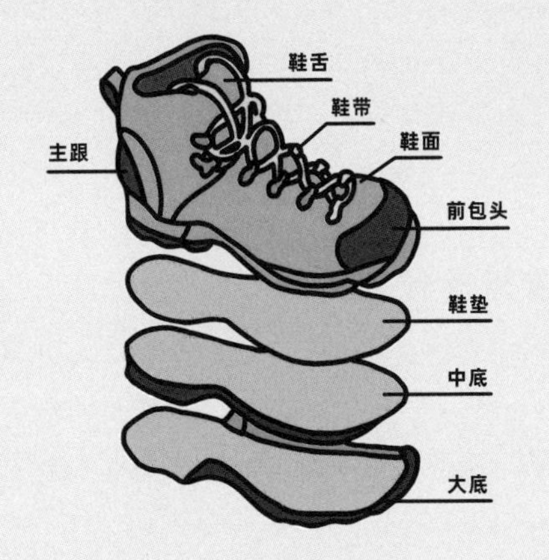

一 了解学步鞋

1. 学步期宝宝的脚丫有什么特点

不同阶段的孩子，脚部发育各有特点。一般来说，9 ～ 15 个月的宝宝处在学步期。

学步期宝宝的骨骼、肌肉、关节等都处于发育阶段，足弓也处于发育期，无法起到减震的作用，但脚底厚厚的脂肪垫能够缓解一些来自地面的冲击力。

开始学走路时，宝宝迈出的步子是小碎步，脚抬得高，但落地沉重，磕磕绊绊的。此时宝宝的协调性和身体稳定性都很差，很多宝宝会出现生理性 O 形腿。家长们要多注意与病理性 O 形腿相鉴别。

2. 学步鞋有什么特点

供能够站立，可以在室外自行活动的学步期宝宝穿的鞋，就是大多数人理解的学步鞋。孩子学步时，每天花费大量的精力学走路，所以对鞋子的要求很高。此时穿的鞋子应合脚、舒适透气、轻便，还要有一定的支撑、保护功能。

3. 学步鞋有哪些种类

广义的学步鞋可大致分为步前鞋、学步鞋、稳步鞋。

步前鞋适合 0 ～ 8 个月的宝宝，学步鞋适合 9 ～ 15 个月的宝宝，稳步鞋适合 16 ～ 36 个月的宝宝。

步前鞋

一般指由皮、布、毛线等材质制作的软底鞋，包括手工软底布鞋、毛线编织鞋等，可以给不会走路的宝宝穿，也可以作为宝宝的站立鞋和室内学步鞋。这类鞋子柔软、舒适、轻便，鞋面较高，鞋脸深，有魔术贴调节鞋子的肥瘦，保证鞋子包得住脚，且鞋底轻薄，没有任何的刚性支撑，非常贴合婴儿的脚型。

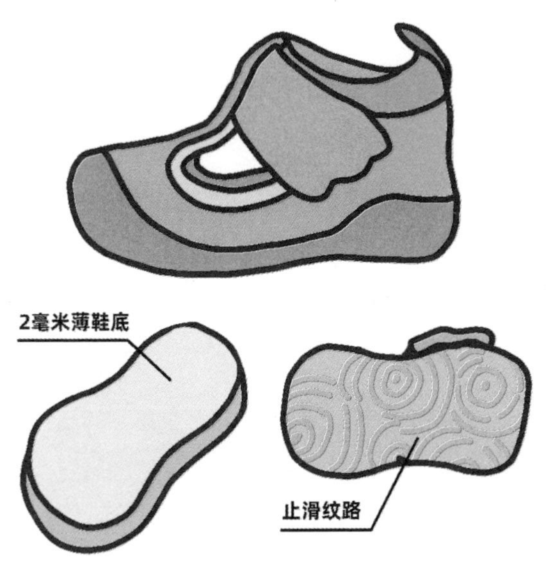

图 1-1　步前鞋

步前鞋是宝宝真正意义上的“第一双鞋”。根据这一时期婴儿脚部形状和运动特征制作的鞋，可帮助宝宝的本体感发育，促进关节的稳定性和控制力，帮助宝宝更好地掌握平衡。这种鞋还能还原脚的自然发育状态，所以又称为“本体鞋”。宝宝在完全学会行走前，可以通过本体鞋来过渡，最终更好地完成从爬到立到走的整个大运动发育阶段。

学步鞋

学步期对鞋的要求除了前面提到的以外，还包括：鞋底具有一定的摩擦力；鞋底后部应增加硬度，稳定后跟，帮宝宝保持平衡；鞋底应加宽，增加鞋和地面的接触面积，使宝宝走路时更加稳定；鞋帮要高，鞋脸要深，让鞋能“抱”住脚，不易掉鞋；鞋垫不可过于厚软，要让脚掌有抓地感，以锻炼宝宝的足部肌肉，刺激脚底神经发育。

当然，条件允许的情况下，建议让宝宝赤足学习走路。赤足

图 1-2　学步鞋

行走是最好的学步方式。

稳步鞋

稳步鞋是供已经学会走路的宝宝在户外自由活动穿的鞋。这时期的孩子刚学会走路，磕磕绊绊地很容易伤到脚趾头，所以稳步鞋的前端需要有保护功能的前包头来保护脚趾，鞋后帮也要加装主跟，保护宝宝还在发育中的踝关节。稳步鞋的鞋底既要能吸收震动，又要让孩子有脚踏实地的安全感，所以不能太厚。**鞋底厚度不宜超过 10 毫米**，要让孩子的脚既能与地面“沟通”又能保持平衡。

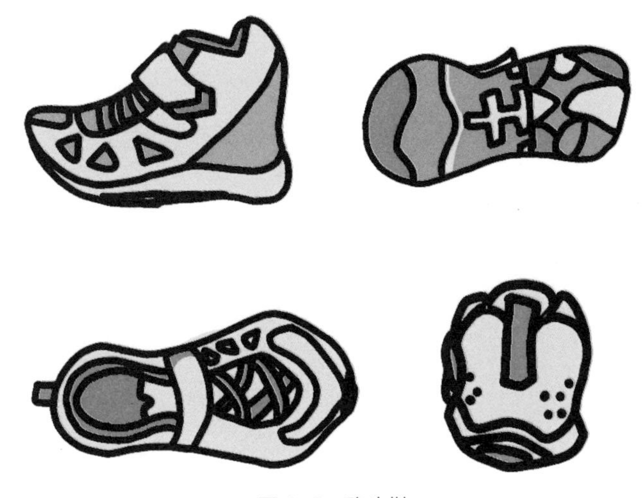

图 1-3 稳步鞋

市场上还有一种鞋，叫儿童机能鞋，是根据人体力学原理设计制作的鞋。儿童机能鞋是针对儿童的脚部生理机能和步态开发的，具有一定预防和矫正脚部畸形的功能。

二 宝宝的鞋袜怎么挑选

鞋袜，指底部加厚的袜子。这里所说的鞋袜通常供宝宝周岁前穿着。

宝宝的鞋袜虽不能算是鞋，但家长在挑选的时候也有几点需要注意。

一是不管哪种材料制作的鞋袜，内外都不能有多余的线头。多余的线头一旦缠住宝宝的脚趾，就可能造成严重后果。家长们一定要认真检查，切不可大意。

二是宝宝鞋袜上尽量不要有多余的小装饰物。很多鞋袜为了美观，在表面添加了颜色鲜艳的小珠子或者闪闪的小亮片。这类小玩意儿会吸引宝宝啃咬，脱落后还容易被宝宝误食。

三是宝宝贴脚穿的袜子、毛线鞋、布鞋应尽量选择本色或浅色的，过于鲜艳或带有荧光色的面料中可能含有甲酸、甲醛等有害物质。

建议所有直接接触皮肤的袜子、鞋袜，在给宝宝穿之前要先用清水浸泡至少半小时再清洗、晾晒，以减少或清除上面残留的化学物质。

图 1-4　毛线袜

选好学步鞋要记住这五点

一双好的学步鞋对孩子腿部、足部的发育，乃至成人后的健康体态形成都有着重要的作用。选好一双学步鞋记住这五点：

1. 帮面高、鞋脸深、鞋抱脚

这样的鞋穿在脚上不容易掉下来。那些鞋脸浅的鞋或低帮鞋虽然容易穿上，但宝宝的脚后跟窄，不易挂住鞋，就会容易掉鞋。

图 1-5 鞋脸深

2. 前包头、后护踝

鞋子前面应有包头设计，以防小宝宝走路踢到脚趾；脚后跟部位的鞋帮应有一定硬度，帮宝宝固定脚踝。

图 1-6 前包头 后护踝

3. 鞋要轻软、透气

鞋子要柔软、轻便，不能太重，透气性要好，有利于保持鞋内干燥。

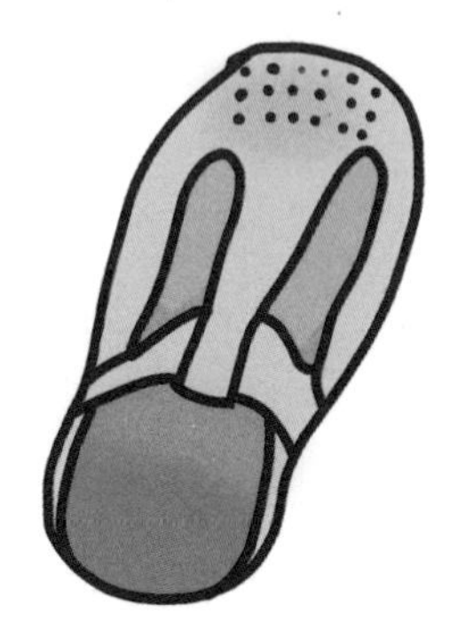

图 1-7　鞋子透气

4. 鞋底三分之一处可弯折，鞋底不宜厚

鞋底加鞋垫的厚度不宜大于 5 毫米。

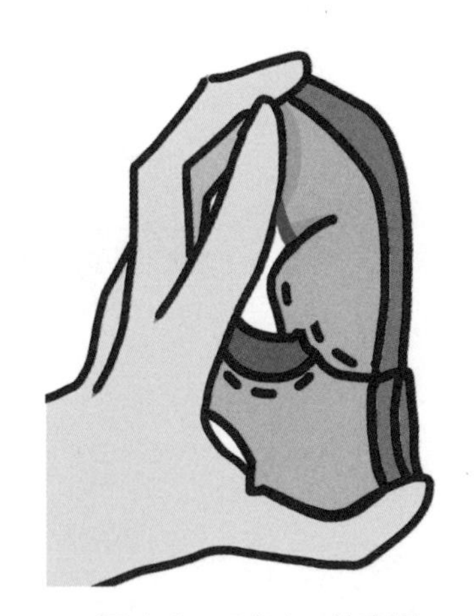

图 1-8　三分之一处弯折

5. 鞋垫不能太软、太厚

鞋垫厚度要合适，不要让宝宝一脚踩下去有陷进去的感觉，

否则宝宝走路时就体会不到脚掌抓地的感觉，不利于锻炼脚部肌肉和刺激脚底神经发育。

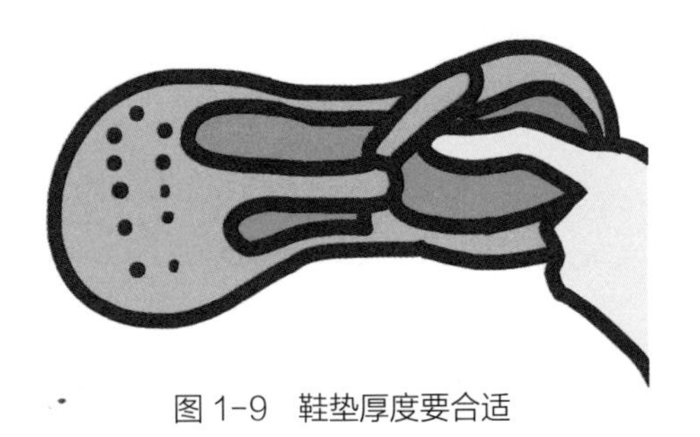

图 1-9 鞋垫厚度要合适

四 稳步鞋对学步很重要

一岁半以后，很多宝宝走得已经比较顺了，步幅也大一些了，但腿部力量还很弱，走路仍不够稳定。这时候宝宝开始进入稳步期。

这个时期，宝宝的部分足骨还处在软骨状态，足跟骨开始骨化，运动神经发育迅速。宝宝能做上楼梯、踢球、两脚并拢跳跃、单脚站立等动作，但由于身体重力线偏向膝盖内侧，宝宝容易出现生理性 X 形腿，足跟向内侧倾斜。此时假性扁平足和足外翻比较常见，但多数是一种生理表现。

家长为这个阶段的宝宝买鞋时有一个常见的误区，就是喜欢挑选鞋底、鞋垫厚且柔软的鞋，认为这样的鞋宝宝穿起来才舒服。实际上，宝宝穿这种鞋走起路来反而会很累。大家想想走在沙滩上的感觉就会明白了。柔软深陷的地面缺乏对脚的支撑力，会让人走起来更累。同时，厚底还阻碍了脚掌与地面的“沟通”，影响足底神经与大脑的相互反馈，进而影响正常的生长发育。这也是很多孩子容易崴脚、摔跤、对路面状况感觉不敏感的原因之一。

所以，对刚刚完成学步进入稳步期的儿童而言，鞋底、鞋垫都不能太厚、太软，**以不超过 10 毫米为宜**。

1. 稳步鞋怎么选

稳步期宝宝的脚长得很快，家长要经常检查鞋的情况，看鞋内是否有受到挤压的痕迹。一个码数的鞋一般能穿 2 ～ 4 个月，脚肥的孩子更换鞋子的频率应更快一些。

稳步鞋除了轻软、舒适、合脚外，鞋底还需要有一定的厚度和硬度，还应该有一定的摩擦力，不能打滑。用手掌蹭鞋底，有稍微发“涩”的感觉最好。太滑的鞋底表明摩擦力小，鞋不能很好地抓住地面，孩子容易滑倒。如果鞋底太厚或过于“涩”，则会使孩子的脚带不动鞋，也容易摔跤或让孩子养成用脚尖走路的习惯。

稳步期的孩子可选择穿皮鞋。皮鞋的材质与皮肤最有亲和力，且结构合理而稳定，可端正小朋友的体态。

舒适的运动鞋适合有运动需求的场景，但不推荐日常穿着。

2. 学步期的宝宝一定要有一双皮鞋

为什么学步期的宝宝一定要有一双皮鞋呢？

皮鞋类的学步鞋最好选择鞋面是真皮材质且鞋垫、内里也是天然羊皮的，并且鞋底应选用天然橡胶，硬度适中，有弹性，易于弯折。另外，皮鞋一般都有 3 毫米左右的小跟，这样更便于行走。

更重要的一点是，皮鞋一般前掌 1/3 处可以弯折，与脚掌的弯曲位置相同，同时，皮鞋前、后都装有硬的港宝（在鞋后跟处起到固定和保护作用的一个部件）保护脚趾和踝关节。所以说，一双合格的皮鞋是很适合宝宝学步穿的。

这里多说一句，优质的皮鞋可以作为日常鞋穿着，对孩子体态的端正、仪态的保持都很有益处。

图 1-10　小皮鞋

图 1-11　宝宝皮鞋 + 服装搭配

3. 为学步期孩子买鞋的“避雷”指南

不买过大的鞋

相信很多家长认为孩子的脚长得快，买鞋就该买大一码甚至大两码的，比较经济。

实际上，孩子穿过大的鞋导致，一则走路时脚带不起来鞋，只能像穿拖鞋似的用脚背带着走，导致鞋的后帮部分根本起不到稳定作用；二则如果真是穿拖鞋，脚趾前面是空的，脚往前冲的时候不容易伤到脚趾，然而满帮鞋的前面是堵上的，脚前冲时就很容易伤及脚趾或趾甲；三则脚在大鞋里面，因为不稳，就会本能地用脚尖或脚后跟去寻找鞋帮以期能带住鞋，这样就会形成内八字或外八字步态。所以，孩子处于生长发育阶段、学习走路阶段，家长一定要为孩子买一双合脚的童鞋。

如果孩子穿上大鞋，趿拉着鞋走路，很可能形成一种不良的走路姿势，这对孩子的形体、美育都没有好处。

合适的鞋应该在后脚跟处预留 8 ～ 10 毫米空间，大概是妈妈一根食指的宽度。

不穿二手鞋

多子女家庭里的老二老三，基本上都穿过哥哥姐姐不再穿的衣服。孩子接着穿旧衣服是没有问题的，但最好不要穿哥哥姐姐穿剩下的鞋。

每个孩子的脚都不一样。穿的时间长了，鞋会随着脚变形。穿这样的鞋，就像穿了用别人的脚型铸了模的鞋一样。鞋子没有了正确的鞋型，也就失去了正确的支撑性能。孩子穿这样的鞋，脚也会随之变形，影响行走步态，甚至影响脚的发育。

板鞋不适合长期穿

虽然很多家长和孩子都很喜欢板鞋，但是板鞋并不适合让孩子经常穿着。

板鞋的鞋底是一马平川的，没有鞋跟。人脚在悬空放松的时候，脚的力线并不完全90度垂直于地面，所以平底的鞋反而不符合人体工学。穿平底鞋时脚踝肌腱会被拉紧，走路时间长了脚易酸痛。无论是成人、儿童还是宝宝都不推荐穿板鞋，尤其不能把板鞋作为日常鞋长期穿着。

图1-12 板鞋

日常穿的鞋还是要有一个薄薄的鞋跟为好。相关研究结果显示，婴童鞋的鞋跟不要超过5毫米，**小童鞋的鞋跟不应该超过15毫米，**大童鞋的鞋跟不要超过25毫米。

女孩子不穿船鞋（浅口鞋）

很多大品牌童鞋都推出了类似成人鞋的船鞋，也叫无襻带浅口童鞋，很时尚，且跟妈妈的鞋能搭配成亲子款，大为流行，但这种鞋不推荐孩子穿。

儿童的脚处于发育期，无襻带、不跟脚的鞋可能会导致跟骨、跟腱发育异常。儿童走路时，脚对鞋的掌控能力不高，所以鞋稍大、稍小都会使脚趾在步行时向前“冲”，损伤脚趾，也很容易养成孩子拖脚、不精神的不良步态，影响孩子正常体姿的形成。

选择浅口童鞋，一定要选择有襻带的，这样才有较好的稳定性，如玛丽珍童鞋、女童汉服鞋等。

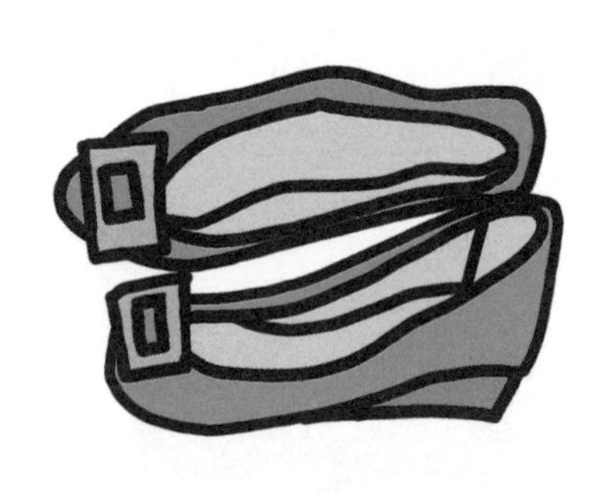

图 1-13 船鞋浅口鞋

图 1-14 玛丽珍童鞋

儿童必须远离高跟鞋

首先，儿童尚在发育中的踝关节肌力薄弱，关节不稳，穿高跟鞋很容易崴脚或跌倒，一旦形成习惯性踝关节损伤，孩子很可能一辈子都穿不了高跟鞋。

其次，穿高跟鞋时，人体重心会前移，全身的重量会过多地集中在前脚掌，很容易导致足部疼痛，以致足弓塌陷，形成扁平足。

最后，高跟鞋多为窄头，所以穿着时，五根脚趾会被挤在狭小的鞋头内，容易引起䠀外翻，使脚型变得难看。

图 1-15 儿童高跟鞋

洞洞鞋不宜当做日常鞋

洞洞鞋宽大、透气、轻便，但并不适合长期穿着，尤其是发育中的儿童更不应长期穿着。

首先，洞洞鞋本身就是沙滩休闲鞋，作为休闲散步、沙滩散步鞋来穿很舒服，但作为日常凉鞋穿着却并不适合。儿童期是

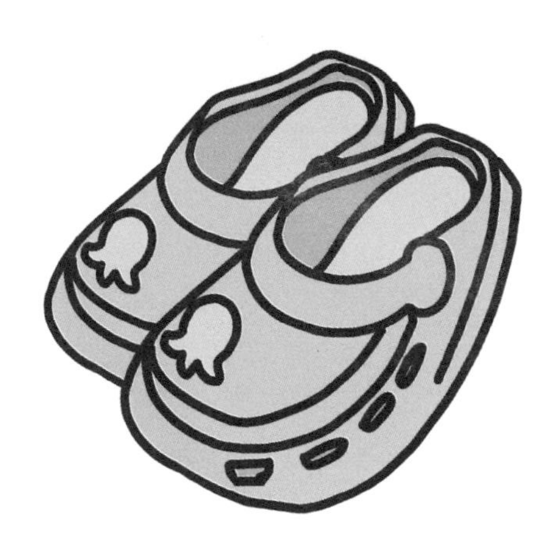

图 1-16 儿童洞洞鞋

足底末梢神经发育的关键阶段，而洞洞鞋的鞋底很厚，孩子穿洞洞鞋时地面不能给脚底足够的刺激，无法促进足底正常发育；其次，洞洞鞋往往太宽松，不跟脚，儿童必须将脚背绷紧才能将鞋带起来，因此可能会导致步态不正常；最后，很多洞洞鞋的材质不过关，可能含有有害化学成分，会通过皮肤接触进入儿童体内。

运动鞋不推荐作为日常鞋穿着

运动鞋虽然舒服，但孩子长期穿着却并不好。首先，运动鞋是为运动设计的，而脚在运动状态下内旋角度偏大。我们可以把运动鞋翻过来看它的鞋底，前掌部分往里弯得较多。这种鞋型被称作“曲线鞋型”。孩子在发育过程中出现不同程度的八字脚，大多是可以自然矫正的，但如果长期穿“曲线鞋型”的鞋，很可能就会加重脚的八字程度，变成真正的八字脚。

图 1-17　儿童运动鞋

其次，运动鞋之所以舒适，是因为鞋面、鞋垫大多是由发泡海绵制成的，透气性不好，穿一段时间后，鞋子里面的温度就会升高，促使脚部出汗。孩子的脚长时间处在潮湿的环境中，极易引发各种脚病。

布面球鞋不一定透气

许多家长问我，布面球鞋明明是布做的，应该很透气的，可孩子脱下鞋来后，脚总是湿漉漉的，还很臭，是怎么回事？

布面球鞋并不像我们想象的那么透气，这是球鞋的制作工艺造成的。做鞋时为了让鞋面挺括、有形，让鞋帮面与帮里粘得牢固，工人会在帮里与帮面之间刷上一层胶。这层胶阻碍了空气的流通，所以布面球鞋就变得不透气了（许多布鞋也采用这样的工艺）。我们许多家长在年轻时穿过的“解放鞋”也是这种情况，因此布面球鞋“臭脚”是出了名的。

图 1-18 儿童布面球鞋

第二部分

参加五花八门的儿童素质拓展班，怎么选鞋

目前，教育领域正力求减轻学生过量的学业负担，很多家长正在引导孩子科学利用课余时间，开展适宜的体育锻炼、阅读和文艺活动等。面对这些五花八门的儿童素质拓展场景，如何给孩子选一双合适的鞋呢?

一 球类运动

1. 儿童篮球鞋

篮球的普及率比较高，很多小学甚至幼儿园都开设了篮球课，于是给孩子选购合适的篮球鞋也就成了家长的必修课。

篮球是一项相对剧烈的运动，为应对篮球运动中的起跑、急停、起跳和迅速左右移动等动作，选篮球鞋时需要把鞋的功能放在首位，其中良好的支撑性、稳定性、舒适性和减震性必不可少。

专业的篮球鞋为了应对高强度的运动，往往在设计上更注重其保护功能，仅适合上场打球时穿着，不适合日常穿着。

大多数非专业篮球运动员的小朋友，不必购买特别专业的篮球鞋，因为这些孩子的运动时长和运动强度都没有专业运动员那么大，只用购买具有一定保护功能的儿童篮球鞋即可。这样孩子在打篮球时，儿童篮球鞋可以起到非常好的保护作用，也可供孩子日常穿着。

图 2-1　中小童篮球鞋

中小童可以选择具有一定缓震功能的鞋底，如由发泡材料和橡胶组合而成的鞋底，关键是要选择高帮（鞋帮高过脚踝）和后帮加硬的鞋子，这样就基本能够满足儿童打篮球的需求了。

13 岁之后的儿童和青少年，骨骼发育逐渐接近成人，运动量急剧增加，打篮球时对于篮球鞋防护功能的要求也更高、更专业。他们的篮球鞋的一些设计与用料，如鞋底加装 TPU（热塑性聚氨酯橡胶，具有高强度、高韧性、耐磨、耐油等优异的综合性能，多用于鞋面、鞋中底、鞋大底）或炭纤维板等防扭装置，鞋后跟采用高弹材质或安装气垫，鞋面采用具有一定硬度及耐磨性的超纤材质，鞋帮采用高帮设计且后帮以 TPU 加固等，基本等同于成人篮球鞋。

图 2-2　大童与青少年篮球鞋

2. 儿童足球鞋

足球是一项对抗性较强的运动。因人在踢球时脚部动作繁多，以及踢足球的场地多样等，使这项运动对鞋的保护功能要求较高。尤其处于发育期的小朋友，其关节、韧带、足弓、神经系统都还在发育中，任何忽视都可能带来意外伤害。因此，儿童在踢足球时需要穿专门的足球鞋，不宜用一般运动鞋替代足球鞋。

家长在为孩子选择足球鞋时，除了安全防护功能外，还需要特别注意两点，一是鞋的适脚性，二是鞋要适合踢球的场地。

适脚性包括合适的尺码、舒适的包裹性和贴合感、轻便耐磨的鞋身和防滑的鞋底。踢足球时脚的活动量大，因此最好带孩子去实体店试穿，去体验穿着的感受。应尽量选择包裹性良好的足球鞋。

良好的包裹性可以预防孩子在运动过程中发生崴脚、起泡、摔伤等意外。

选择采用轻质、耐磨材质制成的鞋，将为运动中的儿童提供轻盈的跑感，还能均衡和缓解跑动时脚底的压力。优质耐磨的材料，能带来优良的触球感和舒适度，同时也让球鞋更加抗拉扯，耐穿不易破。

防滑的橡胶鞋底能为儿童提供灵活的转向力和抓地力，能很大程度地避免滑倒、摔倒等情况的出现，为急停、转身、加速提供有力的支撑和安全保护。

另外，要根据场地选择鞋钉。常见的足球场地为天然草坪球场、人工草坪球场、砂石水泥球场或室内地板球场，因此相比篮球鞋、跑步鞋等其他类型的运动鞋，足球鞋的抓地力显得尤为重要。足球鞋通常会采用在鞋底加装鞋钉的方式来增强抓地力。

目前市场上主要有 SG、AG、FG、HG、TF 以及 IN/IC 六大类鞋钉。目前校园足球场地多为以下三类，家长可根据不同场地为孩子

图 2-3　儿童足球鞋

选择相应鞋钉的足球鞋。天然、人工草地球场，选择 HG 短钉；砂石、塑胶球场，选择 TF 碎钉；室内球场、水泥街头，选择 IC 橡胶底。

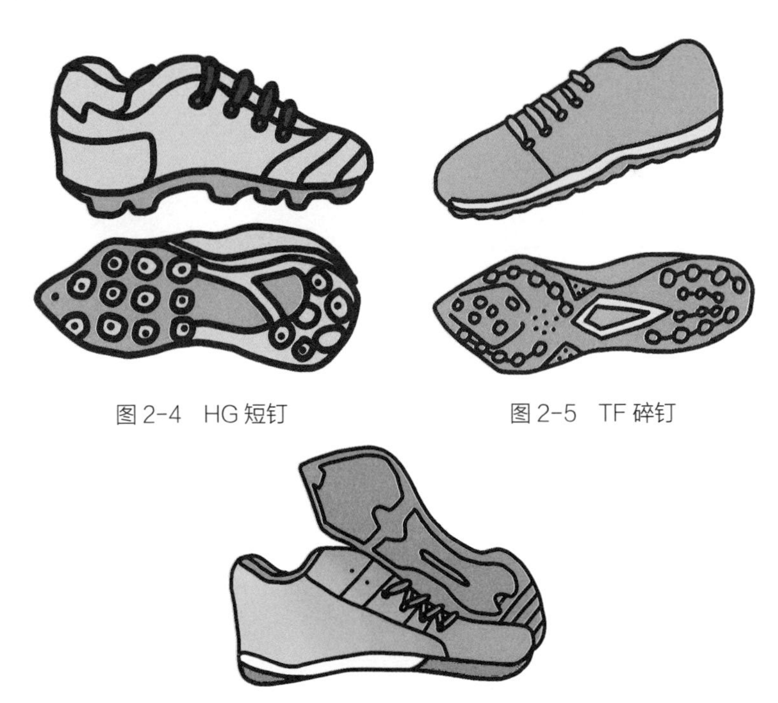

图 2-4　HG 短钉

图 2-5　TF 碎钉

图 2-6　IC 橡胶底

家长需要注意的是，儿童足球鞋不是成人足球鞋的缩小版，选择时要考虑儿童的身体特点。成人足球鞋鞋头瘦长，包裹性极强，儿童足球鞋则需要相对放宽，以免鞋头太小影响儿童脚部肌肉和韧带的发育，同时儿童足球鞋的鞋头部位要预留合理的空间。

相比激烈的成人足球训练或比赛，儿童足球运动强度稍低，对抗性偏弱，所以儿童足球鞋更应关注其保护性，鞋面部分的材料应更柔软舒适。

儿童在发育期，足骨、足肌和足关节不易保持平衡，所以长的鞋钉容易使儿童因重心不稳而摔倒，所以儿童足球鞋要选择鞋钉较短的。

3. 儿童乒乓球鞋

乒乓球是一项综合运动，不光手要做动作，脚的步伐也很重要。打乒乓球时，脚常左右移动，且多急刹，所以在给儿童选择乒乓球鞋时，要选比日常大半码的。

鞋底可选择全防滑橡胶材质来提升抓地性；鞋底的高度不要过高，穿带减震气垫的鞋、老爹鞋等，容易扭到脚；也不宜选太薄太软的底，如能卷曲、拧成麻花的鞋。太薄太软的鞋一踩就“透”，穿这样的鞋不仅容易伤脚，甚至还容易伤到膝关节，移动起来也会拖泥带水。选择正常厚度的鞋底即可。

人在进行乒乓球运动时，身体重心落在前脚掌，特别是在快速移动时，更是以前脚掌着地为主，而脚跟几乎处于踮起离地的状态。所以乒乓球鞋的弯折点应靠近鞋前 1/3 处，这样能够更好地支撑足弓。

儿童乒乓球鞋，相对于成人乒乓球鞋来说，中底（鞋底和鞋帮中间的夹层部分，一般厚度在 1 ～ 2 厘米左右，起缓冲作用）应更厚一点，以增强减震功能。成人的专业乒乓球鞋普遍鞋底比较薄，也更轻，这样在跑动时身体的反应会更灵敏，移动速度更快。

图 2-7　儿童乒乓球鞋

4. 儿童羽毛球鞋

羽毛球运动有各种强行制动：如大跨步急停、快速启动、急速后退、急速转向、交叉步、垫步、马步、弓步，甚至还有大劈叉以及前后左右各种方向的单脚或双脚起跳。儿童在进行羽毛球运动时，穿着合适的羽毛球鞋，可以使脚踝、膝盖受伤的概率大大减少。所以在选择羽毛球鞋时要关注以下几个要点。

注意羽毛球鞋鞋底的防滑性

对于羽毛球这项运动来说，球场上的跑动过程很重要。接球尤其是快速救球时，是最考验鞋子防滑能力的时刻，因为人在接球过程中常常需要突然加速或突然减速。此时不防滑的鞋子容易造成脚的扭伤。比较适合的羽毛球鞋鞋底材质为防滑橡胶。

注意羽毛球鞋的减震性能

羽毛球运动对鞋子的减震性能要求较高，是因为羽毛球运动中有跳杀球动作和频繁的步伐移动。减震效果好的鞋，会有比较好的保护作用。

注意侧向保护：防翻、抗扭、稳定性

羽毛球运动中大量的侧向并步、交叉步、起跳、落地及蹬地转向动作，使人在移动过程中非常容易扭伤脚踝和膝盖。所以羽毛球鞋要有侧向保护的设计，如防止侧翻，防止扭伤，稳定足弓等设计。

注意材料的耐磨性

由于打羽毛球时有前脚跨步、后脚拖行的动作，所以一双耐用的羽毛球鞋需要在鞋头处进行加固处理，而跑鞋、篮球鞋之类则一般不会有这种设计。所以羽毛球鞋的鞋面应选择采用耐磨材料 + 透气材料制成的，兼顾稳定性和透气性。

儿童羽毛球鞋更应注重防护功能，而成人羽毛球鞋则更应追求鞋子重量的减轻，以提高竞技水平。

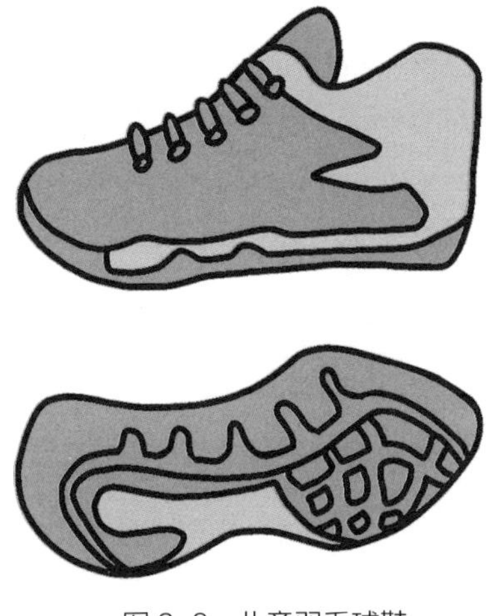

图 2-8　儿童羽毛球鞋

5. 儿童橄榄球鞋

橄榄球由皮革制成，内装橡皮胆，可用脚踢，用手传，也可抱着奔跑。橄榄球是一项每个位置的分工非常明确的运动，所以橄榄球鞋也一般分为力量位与技术位鞋款。

力量位与技术位在身材要求、打法要求、能力要求方面都截然不同，细分下去亦不同。

图 2-9　儿童橄榄球鞋

对儿童运动员而言，力量位的锋线球员对鞋的要求是，脚踝要有支撑，因此最好选择高帮鞋。技术位包括四分卫、外接手、跑卫、防守后卫等。小、快、灵是技术位球员的主要特征，要求鞋轻便灵活，以中帮鞋为主。

另外，应根据不同类型的室外或者室内场地选择防滑钉的长度，以提高抓地力，同时也能降低受伤的风险。较短的防滑钉适用于干燥、坚实的比赛场地，同时可以增加球员的速度和灵活性；而当比赛是在湿滑的草地上进行时，则需要鞋有更强的抓地力，甚至需要更长的防滑钉，以便在柔软的地面提高抓地力并保持稳定性。

橄榄球运动要求运动员除了有速度外还要有对抗，而急跑急停对于运动时的脚踝也是非常大的考验，而且在运动中时常发生踩踏，所以儿童运动员在选择橄榄球鞋时还要注重鞋面的保护性，鞋面材质应较为坚硬，如采用耐磨的牛皮或袋鼠皮均可。

在鞋底方面，儿童橄榄球鞋的选择标准类似于篮球鞋，需要防扭转以及加强对足弓的保护。

6. 儿童排球鞋

排球是一项普及率较高的全民运动，而且和篮球、足球相比，对于身体素质的要求相对较低，对于场地的要求也不是特别高，再加上中学和大学普遍设有排球课程，所以这项运动的普及率会越来越高。

儿童排球的运动量相对小一些，在选择鞋时注意以下几点功能即可：

在排球比赛过程中运动员要不断地起跳、扣杀、拦网，所以排球鞋的鞋垫要具有缓冲功能，这样才能很好地起到保护关节的作用。

在接球的过程中，急刹急转的快速移动，对鞋底的防滑与耐磨性的要求很高，所以应选择全橡胶材质且具有防滑花纹的鞋底。

排球运动需要频繁地快速侧移和扑倒救球，所以鞋帮应有防崴脚功能，才能有效支撑与保护脚踝在运动中的侧移。

为了防止在跑动过程中被队友踩伤脚趾，鞋头的保护装置是必不可少的。

图 2-10　儿童排球鞋

7. 儿童棒球鞋

棒球运动是一种以棒打球为主要特点的，集体性、对抗性很强的球类运动项目。它在国际上开展较为广泛，影响较大。一般的业余爱好者并不需要准备专业的棒球鞋，选择舒适且对足弓有保护的运动鞋即可。

应选择前掌三分一处易弯曲的鞋子，而且鞋子应有一定的舒适度和足弓支撑，后跟杯处应有加固装置，保护踝关节。鞋底材质应选择硬塑料模压成型的，以增加摩擦力。这种鞋在大运动量训练中不宜穿着，但可以日常穿着。

专业的儿童棒球鞋和非专业鞋的区别在于鞋钉。鞋钉可以增强鞋的抓地力，防止滑倒。棒球鞋鞋钉分为铁钉和硬塑料安全钉两种。铁钉鞋的抓地力更强，可以提高跑动效率，但对儿童来说不够安全，且容易生锈，不易保养。儿童可以选择硬塑料安全钉

图 2-11　日常儿童棒球鞋

图 2-12　专业儿童棒球鞋

进行棒球训练。

图 2-13　儿童网球鞋

8. 儿童网球鞋

很多儿童会穿着跑步鞋进行网球运动，但网球鞋和跑步鞋是不同的。

在打网球的过程中，运动员需要频繁加速、急停、左右快速移动，脚趾受到的压力很大，而平时跑步时，则是向一个方向移动，以向前运动为主。

网球鞋需要满足网球运动的快速启动、急停急转、踮足转体、凌空腾跃等动作对鞋的要求，所以要观察鞋子是否具有内侧外侧的支撑设计。鞋底应根据场地来进行选择。应对硬场地，可以选择紧密的人字纹或倒梯形凹槽底纹来提升抓地力。

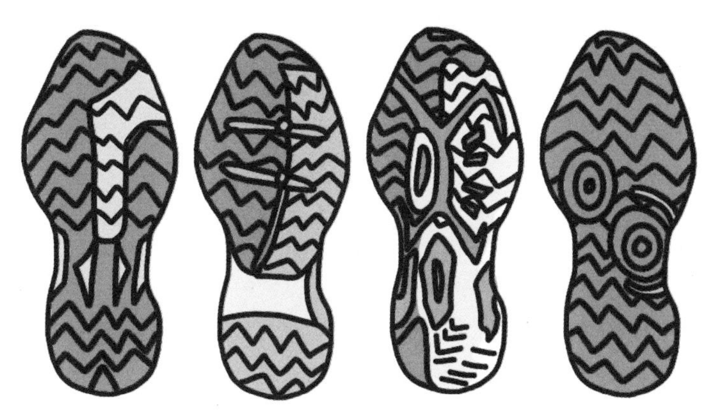
图 2-14　人字纹底纹

二 速度竞技类运动

1. 跑步、跳远、跳高、跳绳运动鞋

爱跑爱跳可以说是每一个孩子的天性，适量的运动对孩子的成长发育也非常有利。

大多数人跑步时脚尖会带动脚踝向内旋转，着地后则会足心外翻，重心会落在脚的内侧。所以，跑步时选择具有减震功能的鞋子是非常重要的，带减震的跑鞋能够提供充足的弹性，让足部免受震荡。

选择合适的尺码非常重要。试鞋时鞋内长度应比脚长多 1 厘米，还应选择宽松一些的鞋头，让儿童在跑步的过程中，鞋子既有合适的鞋内空间，又有良好的包裹性，且在跑动的过程中更加贴合脚部，不易导致儿童摔跤。在鞋面和鞋底的选择上，以舒适度和保护性为核心，鞋身的材质应选择透气的材料，确保儿童在跑步过程中不闷热。鞋底前脚掌三分一处要易弯曲，但足弓处要不易弯折。最后，鞋底外底面以防滑橡胶材料为主的跑鞋，就可以很好地满足儿童的跑步需求了。

跳远和跳高是克服地心引力的运动，是助跑和起跳相结合的运动，所以孩子进行这两项运动时最好穿一双轻便、跟脚、抓地力好的运动鞋。鞋底不要太厚，不然重量增加也会给跳远跳高带

来不便。所以，跳高跳远运动鞋应以轻便、脚跟后加固和减震为其主要功能。轻便的鞋会使身体变得更加轻盈，同时也会有效地减轻心理上的负重感，使人感觉更好。

图 2-15　儿童综合训练鞋

跳绳时，人会更多地使用前脚掌的力量，所以跳绳时穿的鞋应更注重前掌的弯曲性和鞋身的轻便性，一般的跑鞋就能满足需求，但要注意鞋底应具有一定厚度。具有弹性的鞋更适合跳绳运动。

综上所述，结合几种运动的特点，一双轻量且带有一定减震性和防护性的入门级跑鞋就可以满足儿童综合训练的要求。

2. 儿童轮滑鞋

轮滑是目前非常流行的儿童体育运动项目，不少幼儿园、小学也开设了轮滑课程。轮滑对于培养孩子的平衡能力、协调性、反应能力有一定帮助，也能很好地锻炼孩子的四肢。

为适应不同的轮滑项目和需求，轮滑鞋也有很多种类别，其分类标准也各不相同。具体而言，轮滑鞋按轮滑排列方式分为单排轮滑鞋和双排轮滑鞋；按鞋与轮架的连接方式分为固定式和拆卸式轮滑鞋；按功能则分为 A 类和 B 类。A 类为竞技用，一般包括速度轮滑鞋、极限轮滑鞋、平地花样轮滑鞋（单排）、花样轮滑鞋（双排）；B 类为休闲用轮滑鞋（国家推荐标准 GB/T 20096–

2021《轮滑鞋》)。而家长为孩子选购的儿童轮滑鞋按功能分类来看，大多属于 B 类轮滑鞋。

图 2-16 儿童轮滑鞋

初学者选购 B 类休闲型轮滑鞋，可选择滚轮大小一致、带刹车的轮滑鞋，在材质上可以选择以塑料材质做支架的。待孩子具备一定的控制力后，可以再选择平滑型轮滑鞋，增加轮滑的灵活性、趣味性。在材质上，铝合金一体鞋架比较轻便、坚固，不易变形，耐用性强，缺点是滑行速度不快、滑行难度相对于塑料材质支架的高一些。在轮子的选择上，选择材质为 PU（聚酯）的儿童轮滑鞋为宜。这类材质有弹性、抓地力强，而 PVC（塑料）轮硬度大、减震效果差、抓地力不强。

3. 儿童滑雪鞋

在“健康中国”的大背景下，全民冰雪健身运动正在如火如荼地兴起。滑雪和快走、慢跑以及游泳一样，都属于有氧运动。适当的冰雪运动对儿童有诸多好处，如可以增强孩子的御寒能力、锻炼儿童心肺功能、提升肢体协调性、促进生长发育等。当孩子可以快速奔跑、急停，走路不容易摔倒，有一定的跳跃能力时，就可以进行滑雪运动了。一般来说，专业教练建议儿童开始滑雪的安全年龄最好是五岁以后。滑雪是一项速度很快的运动，滑雪的技术动作主要靠脚来完成，因此需要一双很好的滑雪鞋。

在滑雪鞋的选择上，首先要根据自己的专业程度选择鞋的抗弯曲能力（也叫硬度），也就是鞋能承受多大的力而不发生变形。这个系数越大，由腿传递给滑雪板的力衰减得就越少，但是舒适程度就会越差。一般建议儿童选择抗弯曲系数值较小的滑雪鞋，这样的鞋比较柔软，更适合孩子。

其次就是选带扣。不同的带扣条数适合不同身高、水平的儿童。初学者选择单扣式，水平渐长以后，可根据身高选择 2 ～ 3 扣式的。一般达到竞技类水平，才需要选用 4 带扣的款式。

最后是看筒高。靴筒太高，力量不足的小孩较难移动，膝盖无法弯曲。一个简单标准就是：靴筒上沿距离膝盖 15 ～ 20 厘米最佳。

考虑到儿童脚长得比较快，一个滑雪季，大部分的儿童滑雪不超过 10 次，所以在尺码的选择上建议考虑风琴式伸缩的调

图 2-17 儿童滑雪靴

节内胆，可以调节至相邻的 5 个鞋码，既考虑到了经济性，又解决了合脚的问题。另外，一定要配一双滑雪袜。滑雪袜很长，很厚，一是保护小朋友的脚踝和膝盖，二是保暖，三是增大摩擦力，让滑雪鞋、雪袜、雪板有更好的传导力。

4. 平衡车、自行车骑行鞋

在儿童的骑行运动中，平衡车的骑行运动广受关注，因为平衡车没有刹车，全靠双脚滑行前进，所以提高了对鞋的要求。运动时，小朋友需要用脚持续蹬地面来提供滑行动力，起跑、支撑、转弯、停止是平衡车运动中的 4 大核心动作，所以需要选择防滑舒适和耐磨性比较好的鞋子来满足需求。

图 2-18 平衡车鞋

在宝宝滑动平衡车的时候，鞋子就等于刹车，孩子需要使用鞋前掌和内侧部分刹车。所以选择骑行鞋一定要挑选前掌内侧是橡胶材质的，确保其耐磨性。

小朋友的脚很容易出汗，再加上运动的时候消耗热量，因此要为孩子选择材质既透气又舒服的鞋子。

另外，要选择包裹性较好的鞋子，这样可以保护孩子的脚部，避免崴脚等情况的发生，好的包裹性还可以让孩子发力更加舒服，提升速度。

三　格斗对抗类运动

1. 儿童武术鞋

现在有很多孩子在寒暑假期间选择学习武术强身健体，但是学习武术免不了激烈的对抗，所以一双好的武术鞋很重要。好的武术鞋可以避免滑倒、扭伤等各种练武过程中可能出现的意外。

好的武术鞋应该具有三个特征：质轻、抓地、贴脚。重的鞋子会对腿脚动作有妨碍。抓地可使下盘稳健。贴脚就是穿鞋舒服，不挤脚，也不松。鞋底还要有弹性，没弹性，容易断裂。武术鞋鞋底最好选择天然橡胶和合成橡胶混合制成的橡胶大底，鞋底厚度以 3.5 ～ 5 毫米为宜。这样可以同时兼顾弹性和防滑性。鞋面可选择牛皮材质，具有结实、耐磨损、不易变形等特征。

图 2-19　儿童武术鞋

2. 儿童拳击鞋

很多儿童在进行拳击训练时，会穿普通的运动鞋，这样往往在运动的过程中会感觉防滑性不够，且不能很好地起到保护脚踝的作用。练习拳击的拳台是软的，而且绷了台布，所以需要更加适合拳击运动的拳击鞋来增加贴地感和防滑性。选择拳击鞋需要关注两个要素。

一是鞋底的厚度。需要选择薄一点的鞋底，能让儿童更真实地接触到地面，提升灵敏度。二是需要选择对脚踝有保护设计的鞋子。一般拳击鞋的鞋帮高度有低、中、高三种。低帮刚到脚踝，中帮比脚踝高，高帮快到小腿了。鞋帮越高，脚踝得到的保护就越多。如果儿童脚踝经常扭伤，那一定要选择高帮的。如果想移动起来更方便，那就选低帮的。

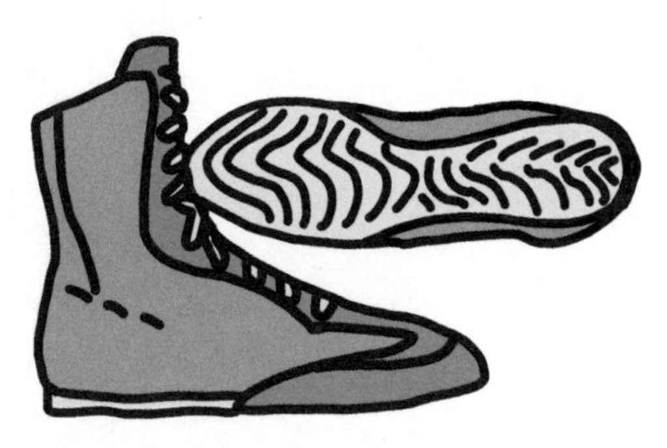

图 2-20　儿童拳击鞋

3. 儿童击剑鞋

击剑作为一项需要全身高度协调的运动，不仅需要良好的手上动作能力，快而频繁的步伐移动也是击剑运动员在完成各种交锋、对抗动作时必不可少的。弓步时，腿部承受着相当于自身体重七倍之多的冲击力；冲刺或飞身时，更需要十足的瞬间爆发力；哪怕只是普通的前后步伐移动，双脚也需要合理地发力和受力。

所以，儿童练习击剑时需要穿专业的击剑鞋。击剑鞋是根据击剑时双脚不同的运动方式和受力所特制的，与普通的运动鞋相比，可以让儿童的双脚移动得更快，而且在鞋跟上做了圆滑处理。

选择击剑鞋时，需要选择具有良好缓震性的设计鞋底，以减少弓步对脚后跟的冲击；同时，鞋帮和鞋底需要具备一定的柔韧性，让足部在“准备”和“弹跳”时更具包裹感；内帮要舒适耐用，以减少前后脚在移动中的磨损。

击剑运动中，不可穿着气垫运动鞋、镂空运动鞋、夏季运动凉鞋，这些运动鞋在击剑运动中均可能对脚部造成伤害。

图 2-21　儿童击剑鞋

四 综合训练类运动

1. 儿童体操鞋

艺术体操比赛规定运动员需要穿半脚鞋。艺术体操运动中，转体动作和平衡动作很多，且大都需要运动员立踵的。立踵动作都要踮脚尖，把重心放在前脚掌上，穿半脚鞋可以保护前脚掌。另外运动时的地面大多数是地毯，地毯是有一定摩擦力的，如果光着脚直接旋转的话会有些困难。所以选择一双软底、轻便、舒适的半脚鞋，可以更好地完成艺术体操的动作。

很多儿童穿舞蹈鞋进行体操训练。舞蹈鞋会将整个脚包住，因为舞蹈大多数是在练功房和舞台等地进行的，并没有专门铺地

图 2-22　儿童体操鞋

毯，没有保护措施，而一些空翻大跳等动作落地时都会对脚产生冲击力，所以穿舞蹈鞋可以起到保护作用。而艺术体操有地毯就不需要保护了，甚至脚有多余的负重都可能会影响发挥。所以，进行体操运动时，穿着半脚鞋会更加适合。

2. 儿童瑜伽鞋

在进行亲子瑜伽时，儿童可以不用穿鞋子。赤脚时，人更能够充分地感受脚掌的发力和力量分布，以及踩地时的受力点在哪。这样一方面可放松双腿，增强脚掌感知度，按摩足底穴位；另一方面，脚掌与地面的摩擦力也便于完成瑜伽的体位动作，尤其是平衡练习。当然，天气较冷，气温低的时候，建议还是穿瑜伽鞋进行练习。除了保暖的作用外，专业瑜伽鞋的防滑性能好，可以避免在做动作时出现脚滑等现象。所以，在选择瑜伽鞋时，只需要关注软底，能 360 度弯曲，且鞋底有橡胶颗粒防滑的设计即可。

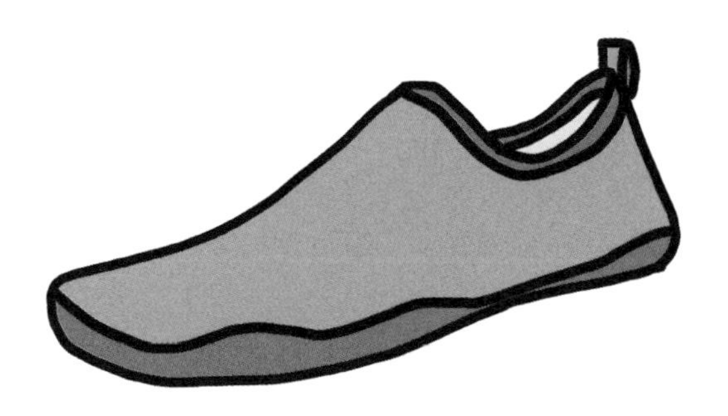

图 2-23　儿童瑜伽鞋

3. 儿童体适能鞋

体适能 Physical Fitness 源自 1987 年提出的体适能健康教育计划。其核心内容是通过体育活动，改善幼儿的有氧适能、肌肉力量和耐力、柔软性，以及普及营养与体育活动的健康知识。

儿童体适能，就是从人的身体素质五大方面进行适当的训练，分别为力量、耐力、速度、灵敏和柔韧。通过站、走、跑、跳、蹲、爬、攀、游、举、驮、抓、掷、击等动作，对儿童的协调性、平衡感、爆发力、耐力、柔韧性、反应力进行提升。所以相较于其他更专业且有针对性的运动，体适能运动的激烈程度较低，体适能运动的鞋子可以根据场地的不同进行选择。如室内的运动，可以选择适当的防滑性与柔软度结合，适合室内活动的运动鞋；室外活动的话，选择具有防滑性，对足弓具有支撑，以及后跟杯等具有基础保护的鞋子即可。

五　舞蹈类运动

儿童常学的舞蹈有：街舞、芭蕾舞、拉丁舞、爵士舞、民族舞等。

1. 儿童街舞鞋

街舞是街头艺术，讲究“酷”和“潮”。鞋在跳舞过程中磨损很大，所以在选鞋时要耐磨与时尚兼顾，板鞋、高帮板鞋、篮球鞋都是不错的选择。

儿童在跳街舞时，跳跃动作较多，落地时脚掌必须承受相当

图 2-24　儿童街舞鞋

于体重 3 ～ 4 倍的重量，所以在选择街舞鞋时要关注鞋的如下功能：一是脚尖着地时的稳定性与弹性，二是鞋后跟的减震功能。只要这两个功能优秀，舒适度合适，就可以了。

街舞主要分为 Hiphop、Breaking、Popping 三种不同的风格，在跳 Hiphop 时，可以穿高帮板鞋或篮球鞋。Breaking 是一种以个人风格为主的技巧性街舞舞种。跳 breaking 时可挑选支撑性好的高帮鞋或短靴。Popping 也称机械舞，跳 Popping 时可选择轻便一些的板鞋或高帮板鞋。

2. 儿童芭蕾舞鞋

芭蕾舞鞋可以提高舞者的技巧，同时又能保护脚和脚踝。选购时，尺码与合脚性很重要，鞋子里应该有合适的空间不至于太过挤压。软芭蕾舞鞋有皮革的和帆布的，可以根据自己的喜好选择。个人觉得，皮革芭蕾舞鞋强调的是脚尖，且比帆布鞋更优雅。有些人更喜欢帆布软鞋的感觉，且帆布鞋好洗，手洗机洗都方便。价格上，皮革的偏贵些，但更耐用，且品种可能会比帆布的多。也可根据场所选择。皮革鞋和木地板搭配会更好，帆布鞋更适合 PVC 地板。

软芭蕾舞鞋的设计有“全底”和“半底”之分。全底的芭蕾舞软鞋与足尖鞋有些相似，这对舞蹈演员来说是非常重要的，因为他们在技术上已经准备好了用脚尖跳舞。半底的芭蕾舞软鞋，可以让脚产生更强的力量，因为鞋底是在脚后跟和脚掌之间分开的。

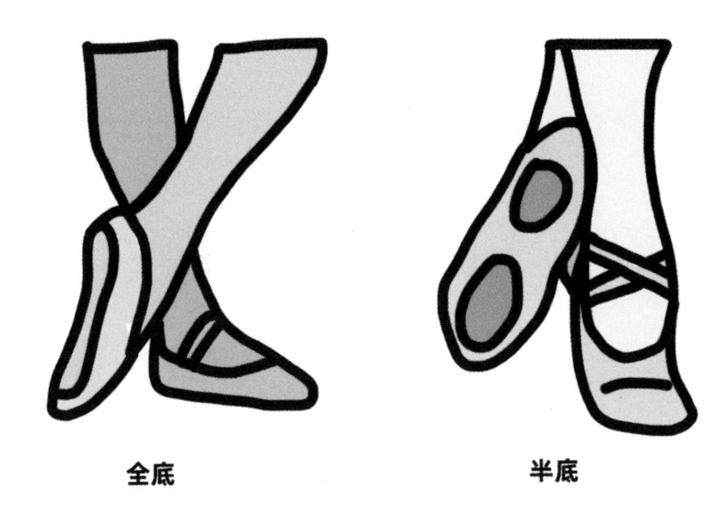

图 2-25　全底芭蕾舞鞋和半底芭蕾舞鞋

另外有些鞋子没有弹性，需要松紧带来保证脚的安全。所以舞者可以根据自己足弓的位置，把松紧带缝在两边合适的位置上。如果你买了一双无弹力的芭蕾舞鞋，就需要自己缝制鞋带了。

3. 儿童拉丁舞鞋

跳拉丁舞，舞鞋是非常重要的。有人认为穿普通的高跟鞋或者平底舞蹈鞋也能跳，其实是错误的。对于拉丁舞者来说，舞鞋是舞蹈灵魂的凝聚。选择一双合适的舞鞋要从以下几个方面着手：鞋的大小、鞋跟的高低、鞋跟的粗细、鞋跟的角度等。

标准的拉丁舞鞋应完全由皮革或更高级的材料制成，包括鞋底与鞋跟。不建议买硬底鞋，可以买绷脚背的软底鞋，买鞋的时

图 2-26 儿童拉丁舞鞋

候，要挑比平时逛街穿的鞋小一码的舞鞋，穿在脚上脚趾必须超出鞋头，跳舞时方便用大踇趾抓住地板。

建议儿童挑选鞋跟高度不超过 3.5 厘米的粗跟鞋。

4. 儿童爵士舞鞋

爵士舞是一种急促又富有动感的节奏型舞蹈。在选择鞋子时，可以根据不同类型的爵士舞进行匹配。

跳雷鬼以及欧美爵士这类力量型的，可以选择能够保护脚踝，帮助平衡身体的运动鞋。

跳韩舞这种节奏快但幅度小的，可以选择跟高在 3.5 厘米以下的粗跟高跟鞋，使跳舞的气场更强。

Girl Style 的舞蹈相对更加随性，跳这种舞时，除了运动鞋，也可以穿板鞋、帆布鞋等。

跳抒情爵士舞时可以直接光脚或是穿软底鞋。

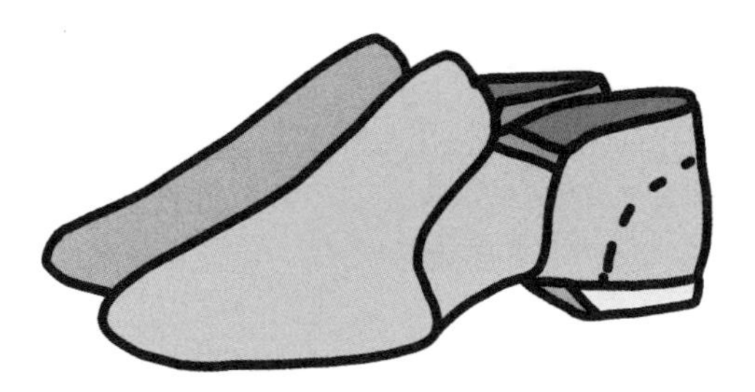

图 2-27　儿童爵士舞鞋

5. 儿童民族舞鞋

儿童在进行民族舞表演时，舞鞋要与舞蹈服装进行匹配，提升美观度。在日常训练时，舞鞋以穿着轻便、舒适为宜。在材料的选择上，可以选择羊皮或布的，适合舞蹈时呈现各种动作。

图 2-28　儿童民族舞鞋

六 不是所有的运动都适合你的孩子

1. 儿童体育运动和成人体育运动有着明显区别

儿童体育运动和成人体育运动是有明显区别的，且不同年龄段儿童的运动指标与要求也是不同的。

3～6岁幼儿期的体育运动侧重于基本活动能力的培养，运动的内容主要包括走、跑、跳、投掷、平衡、钻爬、攀登等基本的身体动作。国际儿童教育领域有这样一种共识：过早的技术训练反而会阻碍孩子的想象力和创造力发展。过早地让幼儿参加竞技体育，如篮球、足球，甚至有些幼儿园的孩子参加高尔夫球运动，幼儿可能会因缺乏基本活动能力的培养而脱离身心发展规律。

小学、初中、高中阶段的体育运动是为了增强学生体质，帮助学生掌握体育基本知识、技能和技巧。

成人体育运动则主要分为两种，竞技体育和身体锻炼。竞技体育是指以创造优异的运动成绩和夺取比赛胜利为主要目的的体育运动，而身体锻炼则是个人自发地进行体育运动，目的主要是调节身体状态，提高身体素质。

2. 各年龄段孩子的活动量与适合的运动

不同年龄段（幼儿园、小学、初中）的儿童适合的体育项目是不一样的。动作发展专家泽费尔德提出的“动作熟练度发展序列模型”将人类的动作技能发展划分为四个主要时期：反射动作时期（0～2岁）、基本动作时期（3～7岁）、过渡动作时期（8～10岁）、专项运动时期（11岁及以上）。

幼儿园时期，也就是学龄前阶段的儿童，在身体成长速度方面诸如身高、体重等，相比0～2岁幼儿有所减缓，但他们的脑部发育已经基本成熟，开始从被看护的对象逐步成长为具有一定独立活动欲望和要求的个体。此阶段幼儿需要发展的是调动全身大肌肉的大动作，如走路、转圈、爬行、跳绳、踢毽子、跳皮筋、拍小皮球，等等。体育项目应该以游戏为主，培养孩子对体育运动的兴趣，这样才能激发他们的运动潜能与积极性。

小学生的身体处在生长发育的重要阶段，但骨骼、肌肉等都还在发育中，不能进行高强度的锻炼。因此，小学生的体育活动必须遵循科学、合理的锻炼原则，采用适合的方法，可以开展的体育运动非常多，如跑步、游泳、体操、足球、篮球、乒乓球、羽毛球等。

3. 不同年龄段的儿童在体育运动中的风险

幼儿园时期，科学的体育活动能够促进幼儿骨骼、肌肉、关节等的发育，同时能够在活动的过程中使幼儿性格更好，并增强其自信心，锻炼其表达能力。

幼儿园体育活动存在的安全隐患主要有：运动量超过幼儿的承载极限、运动器材质量问题引发事故、运动场地环境选择不合理、幼儿缺乏安全教育等。此阶段孩子的运动量较小，主要风险集中在运动场地与环境安全上。

到了小学、初中阶段，孩子的运动量增大，运动项目增多，体育运动中最常见的风险是擦伤、扭伤、挫伤等运动损伤。孩子对运动安全的认识不足、准备活动不充足、动作不规范、运动强度和难度过大、方法不科学等，都会引起运动损伤。

4. 孩子运动过程中家长需要注意的问题

孩子的运动应以有氧运动为主，尽量减少憋气、紧张的游戏或比赛，以防心肺负担过重。

适量运动能促进孩子的骨骼生长，但切忌过量。尤其要注意练习的对称性，以免造成孩子的脊柱弯曲、肢体畸形。

孩子应充分利用其关节活动范围大的特点，多进行柔韧性练习，同时应重视发展关节的稳定性，以防关节损伤。

孩子不宜过早进行肌肉力量练习，以免造成肌肉损伤，可根据其肌肉特点，多进行跳跃、伸展运动等。

小童的运动伤害多为运动环境造成的伤害，如器械、场地造成的伤害。

中大童的运动伤害则主要集中在体育运动本身引起的运动损伤，如摔倒、碰撞、扭伤等。

总之，常见的儿童的体育运动，都是以锻炼身体、促进生长发育为目的。不管什么体育项目，都不应进行高强度的训练，难度也不应超出孩子所能承受的范围。

5. 扁平足的孩子要慎重选择运动方式

扁平足算不上是一种严重的疾病，绝大部分人不需要进行治疗，但是，它依然会给我们的一些活动和运动带来阻碍。无论是追求强度的运动，还是追求灵活性的运动，如果一个人没有足弓或者足弓很低，都不能很好地进行运动。一些竞技体育运动中的跑步、跳跃等动作，没有足弓就会失去缓冲；灵巧性的运动，如跳芭蕾舞，扁平足者很难单脚站立。另外，运动时间过长，也会造成足部的不适甚至疼痛，降低运动的乐趣。

耐力性训练，如中长跑、超长跑、竞走、野外负重行军等训练，都是不适合扁平足患者的。扁平足的人足弓扁平，从而会影响跑跳能力，所以踢足球、打篮球等运动也是不适合的。

6. 肥胖儿童不适合跳绳

孩子身体不协调？来跳绳吧！孩子肺活量不行？来跳绳吧！孩子太胖了？那就更要跳绳了！不不不，其实最后一个说法还真不一定对。

跳绳可以锻炼孩子协调性，增强肺活量，但是对肥胖的孩子却未必适合。事实证明，太过肥胖的儿童不适合跳绳。肥胖儿童跳绳，不仅会给心肺造成很大压力，还会给膝盖和踝关节造成巨大的冲击，让儿童脆弱的关节更容易受伤。

大家可以计算一下 BMI。只要孩子已属于肥胖范畴，就不太适合跳绳了，如果 BMI 的级别只是超重或者偏胖的话，那只要注意一下跳绳的运动强度和运动保护就可以了。

七 给孩子找到适合的运动鞋

1. 儿童运动鞋与成人运动鞋的区别

儿童运动鞋和成人运动鞋的区别，要从脚型特征的不同说起。儿童脚部的脂肪含量高，足弓未成形，脚趾张开呈扇形分布，脚背较高且脚掌宽。儿童脚型与成人脚型的不同之处还在于骨骼没有骨化完成，关节、韧带、神经系统仍处于发育中。儿童稚嫩的双脚在成长过程中非常容易受到伤害，任何不适宜的压力和外伤都很容易引起脚的畸形，所以儿童运动鞋最关键的特性就是符合儿童的脚部形状和步行状态，并具有一定的安全防护功能，如使用儿童鞋楦，鞋底具有减震、防滑、足弓支撑功能，脚后跟加强护踝支撑设计等。

2. 儿童运动鞋的特点

专为儿童运动设计的运动鞋，是针对儿童的脚型特征、行走方式和生长发育规律去设计的，具有稳定、支撑脚踝功能，能保护足弓，预防和缓解儿童运动伤害的鞋。儿童运动鞋的设计也要区分年龄段，并按运动场景细分。应根据不同运动场景选择适合该项运动特点的鞋。一双适用于所有运动的万能儿童运动鞋是不存在的。

儿童运动鞋有 4 个基本要求：

鞋型符合儿童脚型，能保持脚在鞋内的自然状态；

可以稳固、支撑脚踝，以保护儿童发育中的柔软的踝关节韧带，防止扭伤；

前掌抓地功能良好，能锻炼前掌、脚趾的抓地能力，促进足弓、足底神经及大脑神经的发育；

用料环保，鞋身透气，避免稚嫩的儿童皮肤受到有害物质伤害，同时可提升鞋的卫生状况。

3. 如何为不到两岁的宝宝选择运动鞋

很多家长说刚会走路的宝宝，整天跑跑跳跳，运动量大，很担心他的腿部发育不好。要如何选鞋？

这期间的宝宝还处在穿稳步鞋的阶段，因此可以尽量选择比较轻的鞋，鞋底不要太厚，1 厘米左右就好，鞋垫前掌部位不能太软，太软的鞋垫会消耗宝宝更多体力。

4. 小朋友穿暴走鞋会不会影响足部发育

暴走鞋是一种在后跟部装有滑轮的，可以进行滑行的运动鞋。

儿童穿暴走鞋是可以的，但6岁以下不要长时间穿，一次不超过20分钟即可，且最好在家长的陪伴下穿。穿前家长应认真看“安全须知”，建议给孩子戴头盔、护膝、护肘、护腕，还要检查轮子是否牢固等，并且应让孩子在平坦的地方、安全的地方玩，最好不要牵手滑行。

图2-29 暴走鞋

选择暴走鞋，鞋帮应能包裹住脚，后帮要硬，鞋垫后跟要有防护，鞋底的PR、热塑弹性橡胶等要有弹性，不要太硬。

5. 儿童不适合穿“老爹鞋”

“老爹鞋”英文名叫“Clunky Sneaker”，直接翻译过来就是“笨重的鞋”。这种鞋普遍显脚大，而且穿起来比较厚重，但深受年轻人的喜爱，成为当下流行的款式。这种鞋因为酷似在20

世纪七八十年代中年男人中流行的运动鞋、旅游鞋，所以被叫作“老爹鞋”。

很多人钟爱“老爹鞋”，是因为它有厚厚的鞋底，能为身高加分，特别显腿长。

综上所述，我们可以清楚地得知，“老爹鞋”其实是时尚休闲鞋，并不适合运动穿，尤其不适合儿童穿着。首先就是鞋底较厚不易弯折，孩子走路时脚会感觉很累，脊柱弯曲程度也会增加，致使腰椎、颈椎的受力方式发生变化，甚至造成慢性损伤。其次就是儿童的运动量大且踝关节还没有稳定，其鞋底需要能感觉地面的软硬度和斜度从而帮助儿童保持身体的平衡，而厚底鞋会让孩子无法感知地面，极易造成踝关节扭伤、摔倒等运动损伤。

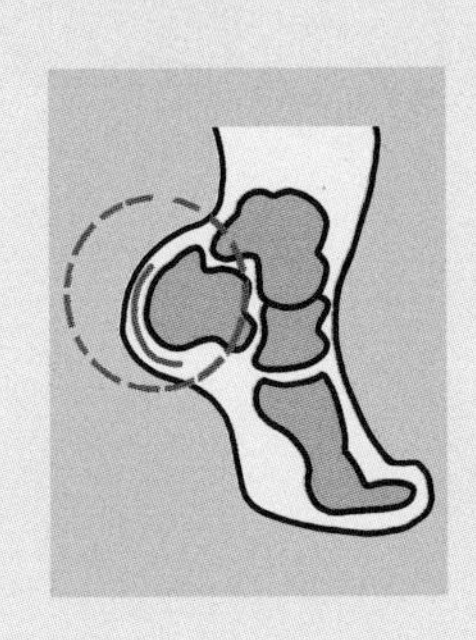

第三部分

儿童足部常见问题与保健方式

儿童脚部骨骼具有很强的可塑性。任何不适宜的压力和外伤都可能造成脚的畸形，如发生变形，出现足弓塌陷、踝关节韧带损伤、踇外翻、足外翻、内外八字步态等问题。

儿童脚部骨骼的可塑性使畸形发生时孩子可能不会感觉很痛苦，父母难以察觉。如果不及时矫治，脚部的畸形会造成下肢承重力线改变，引起膝部、髋部甚至腰部的疾病，还可引起脊柱扭曲，使椎间孔的神经与血管受到压迫，从而造成血液循环不畅和神经麻痹。统计资料表明，脚部疾病患者中，只有少数是先天性的，大部分是由于在儿童期受到外伤或穿鞋不当造成的。

一 常见的儿童足部问题

1. 扁平足

儿童期是扁平足的高发期，因为儿童期的身体生长发育迅速，体重迅速增加，活动能力也迅速增强。这时候如果营养不均衡，身体过胖或过瘦，都可能造成儿童因足肌力量不能适应体重的急剧增长而变成扁平足；又由于儿童身体各部分机能还没有发育完全，所以儿童进行不合适的负重、训练或站立过久，也会引发扁平足；鞋子大小不合适，鞋面、鞋底材料硬，鞋型窄、后跟高、前翘大的鞋，都会造成骨骼畸形、足肌受损；塑料、合成革等透气性差的材料做的鞋，会使脚处于闷热环境中，引起足肌松弛无力，不足以支持足弓，也会导致扁平足。

扁平足在初期表现为站立或行走过久后，脚部疲劳，又酸又痛，脚底发热，脚底中心及脚背可能会出现浮肿；到了中期，疼痛会更加严重，站立和行走都不能持久；晚期的扁平足，跑、跳和长距

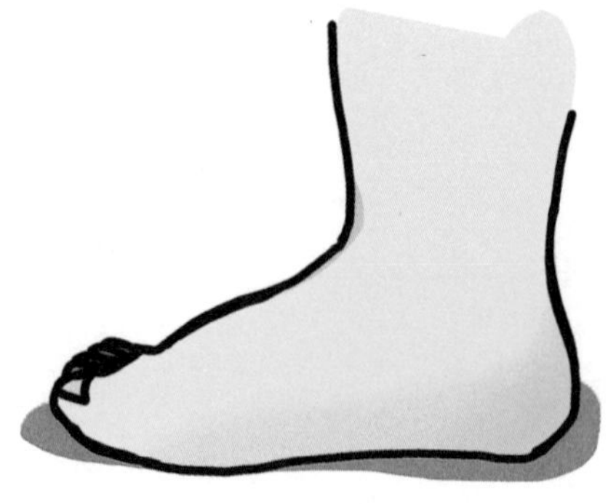

图 3-1　扁平足

离走路极为困难，行走步态沉重，足底无弹性，不能吸收冲击力，时间长了，踝、膝、髋及腰等负重关节会出现创伤性关节炎。

扁平足还会引发足外翻、内八字等多种问题。

2. 足外翻、X形腿

当孩子并拢双腿站立时，双脚距离超过 7 厘米，就会被诊断成 X 形腿。

X 形腿的病因之一是下肢骨骼受力与运动方式异常。X 形腿使膝部经常互相碰撞或者出现重叠，身体重力线改变，容易导致膝部和髋关节等的疼痛。X 形腿的儿童中，肥胖儿、扁平足患者居多。父母要经常观察孩子的后跟，也就是说在孩子双脚站立时，从后面察看孩子的后跟骨有没有向内或向外的较明显的倾斜。如有异常，及时介入，保证孩子腿的健康发育。

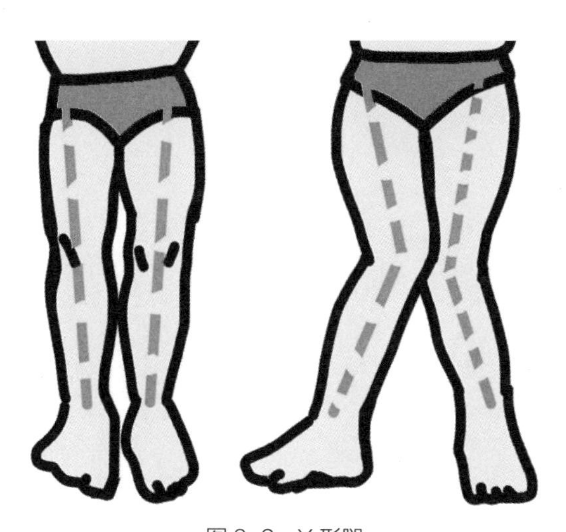

图 3-2　X 形腿

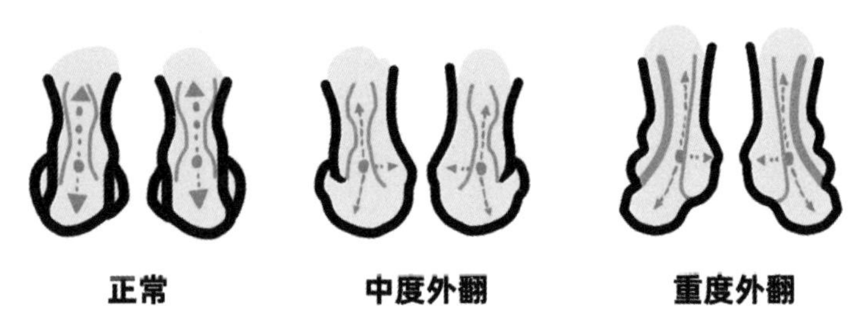

图 3-3 足外翻

3. 足内翻、O形腿

当孩子双脚并拢站立时，两腿膝盖之间的距离超过 4 厘米，就会被诊断成 O 形腿。O 形腿通常是因营养不良或佝偻病所致，也可能与胎儿在子宫内屈髋、屈膝位置有关，还与儿童的坐姿和睡姿有关。大多数轻度 O 形腿在孩子四岁之前能自动纠正。

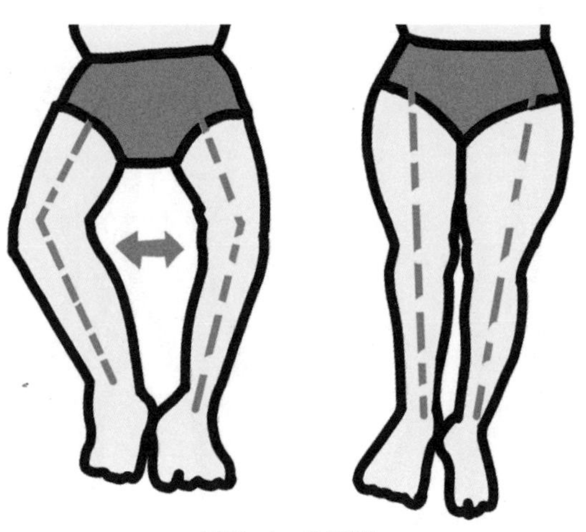

图 3-4 O 形腿

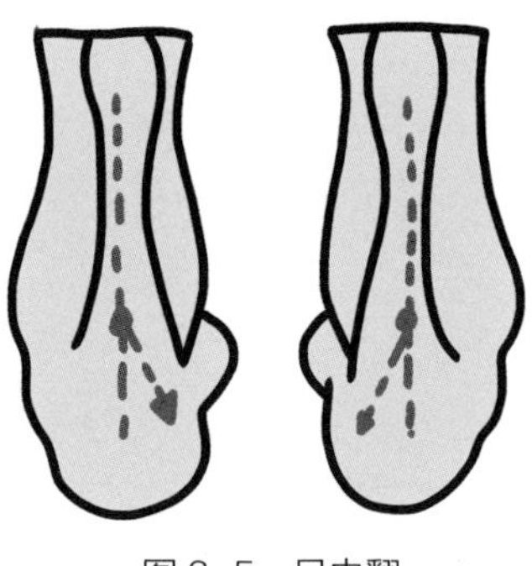

图 3-5　足内翻

4. 踇外翻

踇外翻是指拇趾偏离躯干中线，向外倾斜角度大于正常生理角度，是常见的脚趾畸形。踇外翻形成后，脚的生物力学功能会发生紊乱，踇趾后方跖趾关节压力明显增加，行走时局部疼痛逐渐加剧，踇趾内侧受挤压的部位会红肿、胀痛，皮肤会增厚。

踇外翻使前脚掌变宽，足弓塌陷，脚的外观会变得难看，甚至会并发二趾畸形，久而久之，会严重影响患者的身心健康。

踇外翻患者多为女性。穿尖头鞋、窄头鞋、高跟鞋或顶脚的鞋，会使脚趾在鞋尖部受到挤压、束缚，踇趾就会外翻。扁平足患者也可能并发踇外翻。还有一种说法认为拇外翻与颈椎异常有关。

幼儿期踇外翻含有部分先天性因素，男童发生率略大于女童，但随着年龄的增长，女童踇外翻的人数增加较快。主要原因之一是女孩过早地穿成人鞋。因此，家长不要为了追求时尚给孩子穿高跟窄头鞋、厚底鞋和前翘过大的鞋，并应及时查看孩子脚的发育情况，鞋小了要及时更换。

严重的踇外翻需通过手术治疗。目前非手术治疗还没有特别理想的方法，只有加强预防和锻炼。如穿适合脚型的鞋，挤脚的高跟尖头鞋不要穿，经常向内侧搬动大踇趾，在家可穿夹脚趾的人字拖鞋锻炼足肌等。

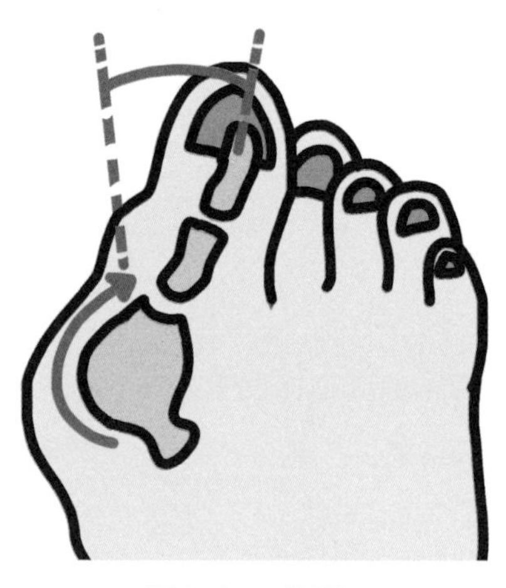

图 3-6　踇外翻

5. 嵌甲和甲沟炎

嵌甲是趾甲的侧缘长进边上的肉里，多发生在脚的大踇趾上。甲沟炎就是人们经常说的脚趾甲往肉里长引发的炎症，是由嵌甲引起的。

早期不伴感染时叫嵌甲，仅有甲沟软组织增生；当出现感染时，称为甲沟炎。这时会有明显的红肿、疼痛，甚至流脓，还可引发败血症，严重时须拔除趾甲。慢性甲沟炎有时可继发真菌感染。

嵌甲症多出现在踇趾的一侧，有时会两侧同时发生。趾甲刺入或将要刺入侧端甲褶皮肤层（甲沟软组织）时，孩子走路就会疼。

造成嵌甲的原因主要有三个，砸、压等外伤，趾甲修剪得太深，以及穿顶脚、挤脚的鞋。另外，甲癣、趾甲营养不良等，也会使趾甲变脆或增厚。变形的趾甲侧缘继续生长，挤压甲沟软组织就会发生嵌甲。

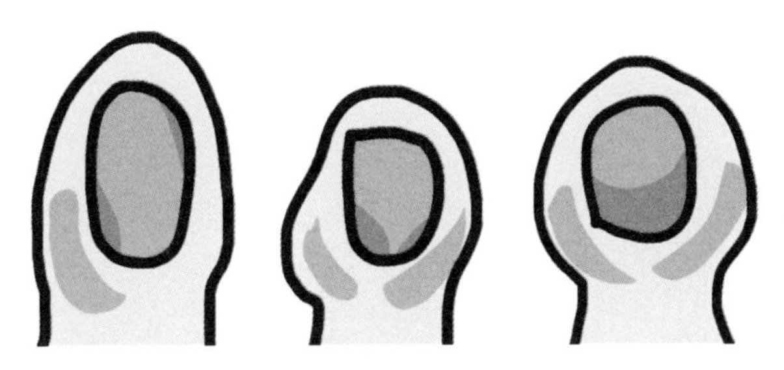

图 3-7　嵌甲和甲沟炎

6. 脚癣及脚臭

脚癣，通常从足趾间或者足底开始发生，严重的可以发展到全身，是一种感染，主要症状是脱皮、瘙痒、炎性反应和水疱。

脚癣是皮肤真菌所致疾病中最为顽固的传染性疾病之一，还会引起脚和趾甲之间的交叉感染。脚癣虽然不会给孩子的健康带

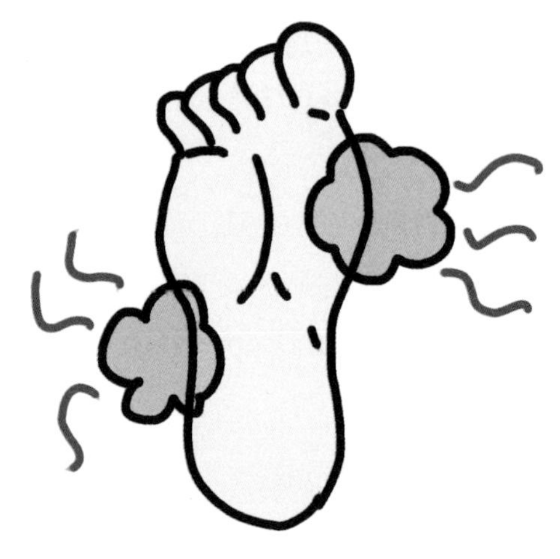

图 3-8 脚癣及脚臭

来多大的威胁，但会影响脚的美观，给孩子造成心理负担。而且，脚癣还很可能通过挠抓或轻微的外伤，使真菌被传播到身体的其他部位造成体癣、股癣等，甚至使家人在密切接触中被传染。

7. 足跟疼

发生在儿童期的足跟疼痛，有可能是跟骨骨骺缺血性坏死引起的。儿童喜爱跑跳，致使肌肉拉伸反复、长时间地集中于跟骨骨骺上，就可以引发慢性劳损，从而导致跟骨骨骺缺血性坏死。发病期间，足跟缺乏弹性，疼痛，而且疼痛会放射到小腿，严重影响儿童行走。

引起足跟痛的还有跟骨骺炎。跟骨骺炎多见于爱运动的孩子，高发期在 8 ~ 15 岁。

儿童赤脚或穿着鞋底很薄的鞋、没有鞋跟的鞋和鞋底没有弹性的鞋，像布鞋、平底布面球鞋等，在坚硬的路面上行走、跑、跳，都是引起足跟痛的原因。

儿童足跟痛一般采用物理疗法，生活中应多休息，少站立或行走，少穿鞋底厚度不足 5 毫米的鞋，可选择有弹性且有一点后跟的鞋，最好配个后跟软垫，减少硬地面对脚后跟的冲击。

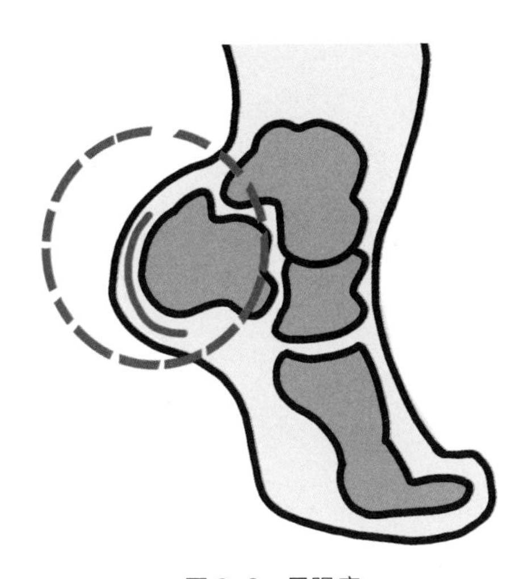

图 3-9 足跟疼

二 儿童足部保健

1. 孩子的趾甲不能剪成弧形

正确的剪趾甲的方法是把趾甲剪成平的，而不要剪成弧形的，应让趾甲两边的侧角留在甲沟的皮肤之外，不然容易形成嵌甲。另外，如果趾甲边缘出现轻微伤或红肿，一定要注意保护，穿透气的鞋子，保持脚的干爽，不要让伤处化脓。

嵌甲的预防还需要不穿尖头、扁头鞋、过小的鞋，以免压迫脚趾；也不要穿过于肥大的鞋，以免脚趾在前面不稳定，反复撞击鞋头而受伤。

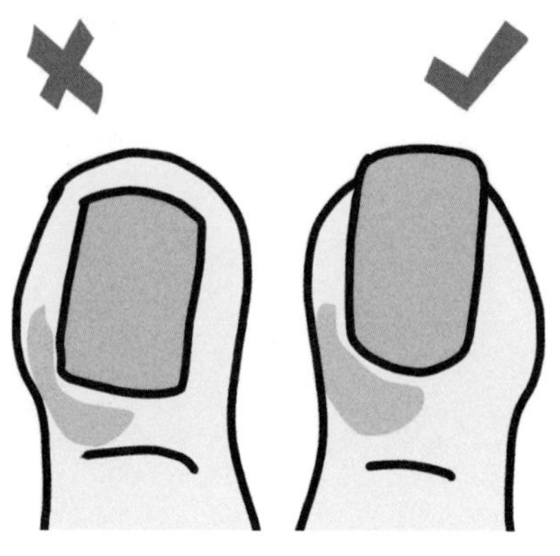

图 3-10 趾甲不能剪成弧形

2. 如何预防脚臭

脚臭是脚部散发异味，在少年儿童中非常常见。脚部汗腺多，分泌的汗液也多。汗液的主要成分是水，含少量有机物，本身是无臭味的，但过度地分泌，使鞋内充满汗液中的脂肪和蛋白质，而脚穿着袜子套在鞋里，通气不畅，汗不易挥发。这就制造了一个湿热的环境，很适合细菌的繁衍。汗液内的有机物被细菌分解后就会发出臭味，出现脚臭。

鞋内湿热的环境还是脚癣的温床。有调查显示，长期穿胶鞋工作的人，80% 患有脚癣。

给鞋通风，穿透气性好的鞋，勤换鞋垫、袜子，保证脚部卫生，是预防脚臭、脚癣的最佳方法。

3. 湿热的鞋内环境可影响足弓

如果长时间穿着透气性差的合成革鞋、塑料鞋和加入海绵内里的运动鞋等，不仅会引发脚臭、脚癣、甲沟炎等，鞋内湿热的环境还会使足底肌肉松弛无力，不足以支撑足弓而导致足弓平坦，使足弓失去对身体的支撑功能。所以，家长们千万不要忽视儿童鞋的透气性，应让孩子的脚处在一个干爽、清洁的环境里。

4. 慎用足弓矫正垫

足弓矫正垫也叫足弓支撑垫，是矫正扁平足的常规用具，需要在医生的指导下专门定制。但科学研究表明，一些足弓矫正垫的效果可能并不如宣传的那么好，因为其原理是把足底有弹性的“弓”的结构替换为硬支撑的“拱”的结构。

儿童锻炼足底肌肉、韧带是形成稳定足弓的有效方法。使用足弓处凸起的鞋垫，会占据足弓伸缩的空间，导致支撑足弓的肌肉得不到锻炼，从而使人体失去天然的减震功能，甚至会引发二次伤害，影响儿童关节、大脑及脊柱的发育。现在市场上的一些童鞋产品使用类似矫正鞋垫的这种特殊部件作为宣传噱头来吸引用户，家长们一定多加注意，以免给孩子的健康带来隐患。

5. 儿童不宜热水泡脚

泡脚能有效促进足部血液循环，提高睡眠质量。很多人都会习惯性地在晚上睡觉前泡泡脚。然而儿童的身体情况比较特殊，家长不能盲目地给自己的小孩泡脚。首先，儿童正处于生长发育阶段，身体各项机能还不健全。用热水泡脚，会使人体血管迅速扩张，全身血液会由重要脏器流向体表，很容易使心脏、大脑等重要器官缺血缺氧，造成不必要的损伤。其次，儿童的皮肤跟大人的不一样，感受到的温度也不同。同一盆热水，也许大人觉得水温刚刚好，但是小孩会觉得很烫，甚至被烫伤。若经常用过热的水泡脚，孩子的脚底韧带也会松弛，不利于足弓的形成与维护，易形成扁平足。

第四部分

中青年运动发烧友怎么选鞋

每种运动都有其独特的运动方式，适合的鞋也不尽相同。进行越专业的运动，越需要穿着专业性强的鞋。在本部分中，我们就来谈谈中青年运动发烧友的选鞋问题。

一 跑鞋

1. 鞋对跑步运动的影响

跑步是全世界流行的一种运动，有增强心肺功能，促进胃肠蠕动、血液循环，提高睡眠质量等益处。然而跑步需要采用正确的跑步姿势，选择软硬适中的跑步场地和舒适的跑鞋。据统计，每年全世界有一半以上的跑步者会因肌肉骨骼系统受到反复冲击而受伤，比如影响膝关节，甚至可能造成半月板损伤等。特别是当脚触地时，垂直地面的反作用力会对身体造成伤害。因此跑步伤害预防的关键在冲击力的管理上。跑步鞋也主要是针对预防与此相关的伤害而设计的。体重超标或心脏不好的人不建议进行跑步类的剧烈运动。

2. 跑步鞋的几个重要性能

跑鞋的选择比其他跑步装备的选择更重要。如果选对了，就有机会将跑步这项运动的好处发挥到极致，如果选择错了，不但会造成疲劳、不适，还可能受伤。

跑鞋按功能可分为减震型、稳定支撑型、运动控制型三大类，除此之外还有通用型中性跑鞋。

减震型跑鞋，适用于正常足弓和高足弓的脚型，通常有较柔软的中底，辅助足部在运动时均匀受力，帮助足部减震。其鞋体通常较轻，稳定性相对较差，但是缓冲减震性能却是最优的。

支撑型跑鞋，专为足弓较低和因脚踝向内旋转而导致足弓塌陷的跑步者设计。支撑型跑鞋的鞋垫在内侧足弓区域下方增加了高度，以防止足弓塌陷或向内旋转，鞋底通常具有受力均匀的 TPU 塑料片或内侧有高密度材料结构，为足部的内侧边缘提供了良好的支撑力和耐久力。

运动控制型跑鞋，对于那些跑步时足部表现出严重内旋的跑步者来说，是最合适的。运动控制型跑鞋中底较硬，从足弓覆盖到后跟，它能够减小或控制足部的过度内翻，防止脚踝受伤。扁平（低）足弓的脚型与大体重运动者，需要更多的足弓支撑和保护，也可以选择这种跑鞋。运动控制型跑鞋需要集合缓震和支撑两种功能，所以重量通常要比其他跑鞋重。

中性跑鞋，适用于正常足弓和高足弓脚型，是专门为正常步态的人设计的。中底较柔软，脚感舒适。其设计理念是减震性、稳定性、运动控制性的完美平衡。

3. 普通跑鞋需要拥有哪些功能

普通跑鞋需要拥有的主要功能有轻便、缓冲与减震、支撑与稳定、防滑、舒适与合脚等。

轻便

研究表明，鞋子越重，运动员消耗的能量就越多，所以很多跑步爱好者非常在乎鞋子的重量。穿较轻的鞋子，不但跑起来省力，也可以让人感觉跑得更快。但重量轻的鞋缓冲功能会相对较弱。

目前新型的中底泡沫塑料，可以在不增加鞋子重量的情况下拥有吸收部分冲击力的功能，但并不能替代专门的减震设计。

缓冲与减震

缓冲，是指缓解冲击力。从人体保护的角度看，缓冲可以给在急速奔跑中急停的人一个适应的时间。

减震，是将反复出现的连续震动的振动频率降下来。从人体保护的角度看，人在运动时对地面产生冲击力，而减震是降低地面对脚部产生的反作用力。

跑步是一项对人体的骨骼与关节有冲击的运动，缓冲与减震是跑鞋不可或缺的功能。具有缓冲与减震功能的系统称为缓震系统。缓震系统可以吸收冲击、提供支撑，并将脚部的疼痛降低。一双缓冲减震功能良好的跑鞋既能防止受伤，又能提供助力。不同级别的缓冲减震能力是现代跑步鞋的特征之一。

图 4-1　气垫减震系统

我们可以根据跑鞋提供的缓震性能对其进行分类：

1级跑鞋也被称为赤脚鞋。这种鞋采用了极简主义的设计，让双脚尽可能地保持自然状态。由于没有添加缓冲垫，单薄的鞋底让鞋更加轻便、灵活。

2级跑鞋的缓冲性能略高于赤足鞋。2级鞋提供了更多的保护，但鞋底仍然很薄，也非常灵活，是短距离竞速跑的理想选择。

3级跑鞋的功能介于赤脚鞋和高缓冲鞋之间。这种鞋可作为有经验的跑步者的训练鞋，也适用于日常散步、慢跑和锻炼。

4级跑鞋具有很高的缓冲性能，是比赛鞋中最常见的，非常适合长距离跑步，尤其是在人行道和崎岖的山区。

5级跑鞋拥有相对来说最好的缓冲效果，是长跑和马拉松等比赛的理想选择，因为这些运动有可能使跑步者的脚踝、双腿甚至背部严重劳损。

支撑与稳定

大部分人的脚踩在地面上时，足弓伸展，脚出现内旋。内旋是人的身体自带的缓冲和推进系统。当冲击力被吸收时，内旋会将脚的肌腱向内拉伸，然后再次收缩，以提供前进的动力。因此在跑步的过程中鞋子需要有一定的支撑，固定脚踝和足弓。

良好的支撑平衡来自很多方面，鞋面的贴合度、脚下的缓冲系统以及引导系统等，能使步幅运动达到最佳平衡，从而将震动降到最低。

图 4-2 宽而稳定的底座，可防止过度内旋

图 4-3 中底内侧采用强化泡棉，在双脚内旋时能提供额外支撑

那如何判断是否需要支撑型跑鞋呢？

慢慢地走（尽量自然地行走），请别人观察你的脚踝和足弓的情况，看脚踝是否向内旋转，足弓是否每走一步都会塌陷到地板上。或者拿一双你的旧鞋子翻过来看鞋底最大的磨损处是否在内侧。

穿上最适合的跑鞋跑步可以将运动伤害降到最低，甚至可以预防伤害。你可以回想过去的几个月的跑步时光，问自己几个问题：

我的膝盖有慢性疼痛吗？

我的韧带长期处于绷紧状态吗？

我的足弓有时会在长时间的训练结束后感到疲劳吗？

如果回答是肯定的，则推荐你购买一双**支撑型跑鞋**。

防滑

跑步是比较激烈的运动，所以跑鞋需要具备比日常鞋更好的防滑性能。尤其是户外跑鞋，多是通过橡胶鞋底与良好的底纹设计来提供防滑性能。

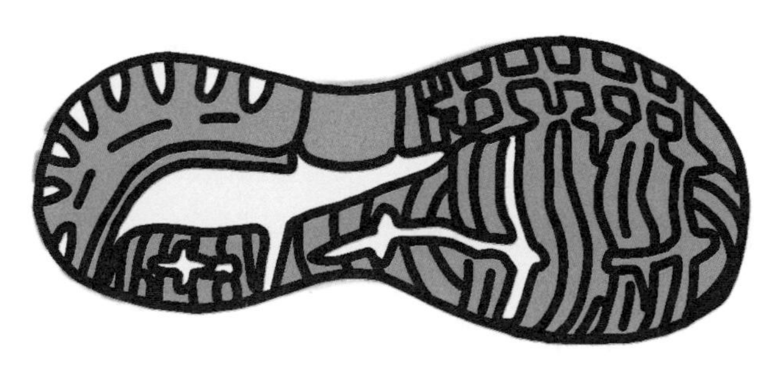

图 4-4　橡胶鞋底与良好的底纹设计

舒适与合脚

合脚是舒适的第一要素。跑步时，脚部会充血、胀大，加上运动对脚有冲击，所以选跑鞋的时候需要选择比日常鞋大一点的。有些人会选择比日常鞋大半码。切记，只是适量的大一点即可，因为跑鞋太大时，脚部肌肉会试图阻止鞋子滑动或滑落，从而导致脚底肌肉每跑一步都会收紧，甚至会导致脚后跟发炎。

图 4-5　网布具有良好的透气性

良好的透气性能保证鞋子的排湿排汗功能，也能增加跑鞋的舒适性。

不同脚型如何选跑步鞋?

每位跑步者跑步时脚部受到撞击的方式、步态和脚的落地方式、双脚分散压力的方式等，都是有区别的，所以选鞋要针对自己的特点来选择。首先要了解自己的脚属于哪一种类型。

简单地说，人的脚有三种不同的类型：

中立型（正常足弓）。

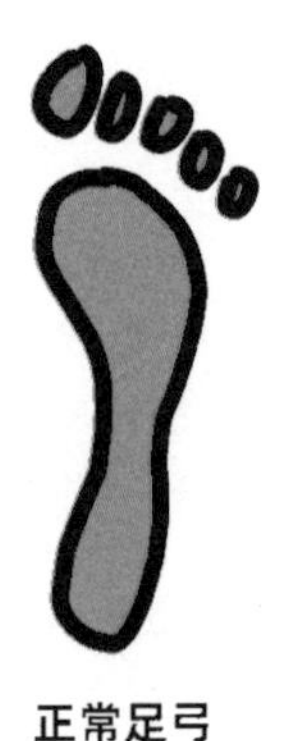

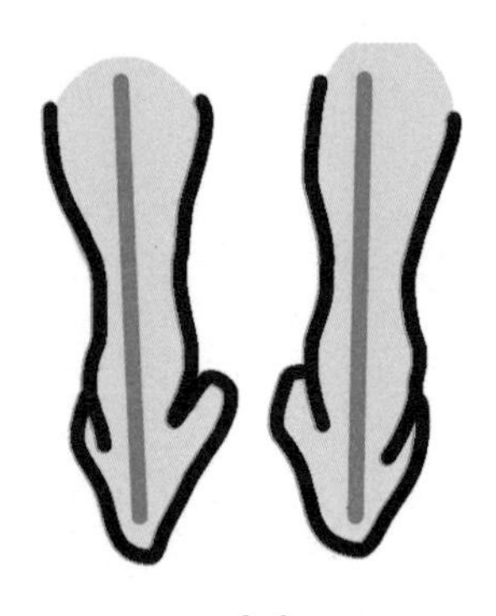

图 4-6　中立型（正常足弓）

内旋过度型（低足弓）。

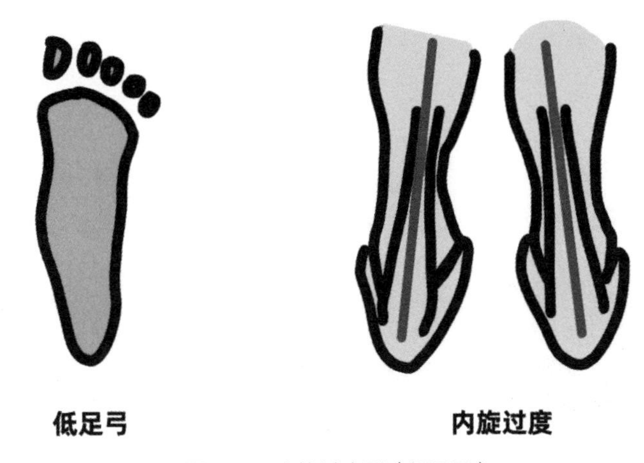

图 4-7　内旋过度型（低足弓）

内旋不足型（高弓足）。

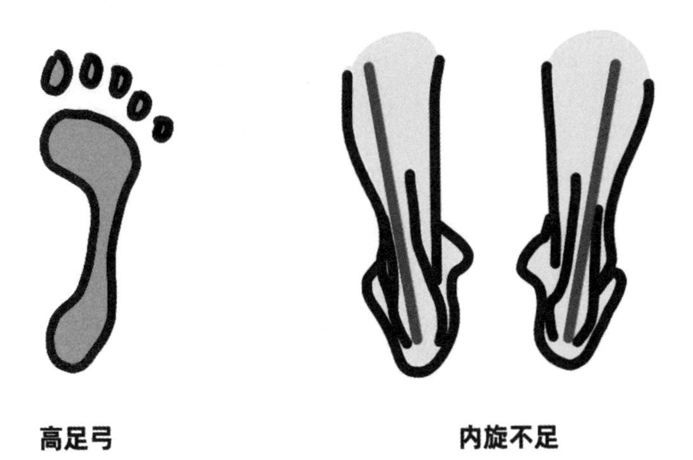

图 4-8　内旋不足型（高弓足）

如果你是一名跑步爱好者，确定这一点不难。把穿过的跑鞋翻过来，检查它的底纹就知道了。

如果脚趾和脚跟的磨损均匀，表明你有正常的旋前肌，足弓是中性的。

如果磨损偏向内侧，则表明你的脚内旋过度，足弓可能较低。

如果磨损更偏向外侧，则表明你的内旋不足（称为旋后），这通常由高足弓引起。

图 4-9　从鞋底看内旋

足弓正常的人比较适合中性跑鞋，内旋过度（低足弓）的更适合支撑型的跑鞋，内旋不足（高弓足）的比较适合缓震型跑鞋。

跑步时你的脚是如何落地的?

跑步时，每跑一步都会对身体形成冲击。这是由脚与地面的碰撞造成的。

脚后跟着地。如果跑步是用脚后跟着地，就会有“后脚撞击”。这种瞬间的冲击力很大，是体重的几倍。

哈佛大学人类进化生物学教授、研究人员丹尼尔·E. 利伯曼（Daniel E.Lieberman）说：“这就像有人用锤子敲你的脚后跟，而锤子的重量是你体重的两到三倍。”

研究数据显示，75% 的跑步者最初是用脚后跟接触地面的（图 4–10）。

图 4–10　脚后跟着地

前脚掌着地。如果你跑步时习惯使用前掌着地，就不需要后跟缓冲垫，可以选择最简单的跑鞋。因为前脚掌着地这种跑步方式不需要足弓支撑，也不需要后跟缓冲（图 4–11）。

图 4–11　前脚掌着地

脚后跟着地 + 过度内翻（低足弓）。如果你跑步时习惯脚后跟着地并且足弓偏低、内旋过度，而且容易出现胫骨夹板（腿前部剧烈疼痛）或膝盖疼痛，那么你就应该选择温和的支撑型跑鞋。

脚后跟着地 + 正常脚。如果你习惯脚后跟着地，重心又不会偏向一边，那么中性跑鞋会很适合你，或者如果你能学习使用前脚掌着地跑步，也可以尝试最简单的跑鞋。

脚后跟着地 + 高足弓。如果你的足弓特别高或呈脊状，那么跑步时你的重心都在足部两侧，可能会导致小腿疼痛，因为冲击力会传导到你的小腿上。如果你属于这种情况，那么一双柔软、缓冲良好的缓震型跑鞋会是最好的选择。

跑鞋的鞋跟高度

跑鞋的鞋跟通常比前掌高。各品牌的鞋跟高度往往有所不同，一般为 7 ～ 10 毫米。如果跑鞋的鞋跟高度低于 4 毫米，则被归类为最低跟。

跑鞋的鞋跟过高会导致脚跟与地面产生撞击，同时也会将一部分冲击力从小腿转移到膝盖。相反，过低的后跟会使运动负

图 4-12　过低的后跟会累及小腿和跟腱

荷集中到小腿和跟腱。两种情况都不理想。所以在决定鞋子的跟高时，要考虑个人的跑步习惯和受伤史，选择最自然、最舒适的鞋子。

扁平足与足弓塌陷者怎么选跑鞋

一些人的脚掌在解剖学上是平的，是遗传性、病理性扁平足，而另一些人的脚有着“塌陷的足弓”，是由于肌肉无力导致的足弓低平。尽管这两种类型看起来非常相似，但为他们购买跑鞋的方式却大相径庭。

因肌肉无力而导致足弓塌陷的扁平足跑步者购买鞋子时，可以关注鞋的足弓支撑功能，帮助脚变得更强壮并能够支撑自己的足弓。

如果是解剖上的扁平足，依靠跑鞋足弓支撑只会将压力传递到膝盖，从而导致膝盖问题。

这就是为什么在你穿上跑鞋之前，一定要了解你的脚的类型，因跑鞋选择不当造成的伤害不仅是脚，还会影响到整个身体，包括膝盖、臀部等。

4. 特定类型的跑步鞋、慢跑鞋、马拉松跑鞋、越野跑鞋

慢跑鞋

慢跑鞋的缓冲减震功能至关重要。大部分慢跑者会使用脚后跟先着地，导致脚会感受到来自地面的冲击力。所以慢跑鞋需要良好的缓震系统来使人的脚免受伤害。

图 4-13 慢跑鞋

缓震系统有多种部件。鞋垫、中底、外底都是主要的缓冲部件。如果是鞋内可拆卸的鞋垫，使用定制的专业鞋垫代替，可以提供最佳的缓冲效果。当然也可以选择一双具有良好缓冲鞋垫的鞋。中底位于外底和鞋垫之间，无法更换，也是缓震系统里面最重要的组成部分，通常使用超轻发泡材料。外底位于鞋的最底部，是与地面接触的部分。橡胶外底可以提供额外的缓冲减震功能，同时也提供鞋子的稳定性。

慢跑鞋需要在缓冲和支撑之间保持平衡，这样就可以在任何环境中舒适安全地慢跑。

如果是在平坦的地面上慢跑，比如，人行道或室内跑道，那么选择重量轻的鞋可能会比较适合。

马拉松跑鞋

长距离跑步鞋应足够坚固，可以承受冲击；足够轻，不让人体负重；足够稳定，以获得最大的能量回弹。在选择马拉松鞋时要考虑的三件事包括里程、体重和脚型。应对长距离跑步，至少需要一双拥有高品质橡胶鞋底和轻质缓震中底的，同时也必须适合跑步者体重和脚型的鞋。

长跑鞋的舒适度是至关重要的。无论是半程马拉松还是全程马拉松，距离越长，脚就会肿胀和出汗越厉害。一双轻质鞋搭配透气鞋面面料，有助于控制水分，保持双脚干爽。

另外，跑鞋要为脚提供额外的支撑和稳定性。内旋过度和内旋不足者可以根据脚型选择对应的鞋子。总的来说，好的马拉松跑鞋能让跑步者更容易跑出舒展的步伐，有足够的空间让脚伸展，并提供额外的支撑和稳定性。

图 4-14　马拉松跑鞋

注意： 马拉松跑鞋一般需要 4 到 6 周的穿着时间进行适应性训练。

户外跑鞋

户外的地面情况比较复杂，因此户外跑鞋的防滑性能最为重要。户外跑鞋需要中高帮来保护踝关节，以抵抗地面的倾斜对双脚的影响，并提供更好的支撑和缓冲性能。

图 4-15　户外跑鞋

极简主义跑鞋

极简主义跑鞋，也叫赤脚跑鞋。典型的赤脚跑鞋有五指鞋。赤脚跑鞋可以防止肌肉萎缩和静止，让脚能够自由地与地面自然接触。赤脚鞋为每一个脚趾提供了一个完整的脚趾盒，可以为脚创造更大的空间，提供更好的平衡和更舒展的双脚体验。

传统跑步鞋与极简主义跑步鞋之间没有对错之分。如果你喜欢尝试不同的东西，那就试试吧，这会让你的训练更有活力，但初期最好还是在环境较好的地面尝试。

图 4-16　极简主义跑鞋

5. 球类鞋

篮球鞋

篮球是一项剧烈的对抗性竞技运动，所以篮球鞋需要有很好的耐久性、支撑性、稳定性、舒适性和减震功能。

篮球运动中有很多起跑、急停、起跳和迅速的左右移动等动作，所以在挑选篮球鞋时必须把鞋的安全防护特性放在首位。另外，个人的打球风格也是一个需要考虑的因素，可以据此选择自己所需的篮球鞋。

力量型球员所用的篮球鞋必须有足够强的减震功能和稳定性。典型的 LBJ 系列（詹姆斯球鞋系列）包括加厚的脚踝保护、全掌开窗气垫、厚实的网面支撑和鞋舌。除此之外，中锋鞋也是典型的力量型球员标配款式。

速度型球员在球场以小前锋和后卫为主，需要大范围地跑动，所以此类球员要求鞋很轻，同时要有一定的护踝、减震和平衡性。

大多数球员会选择高帮篮球鞋，因为高帮鞋能提供最好的脚踝支撑。强力进攻型运动员和大范围跑动型运动员，也需要鞋具有良好的稳定性。但仍有些以速度见长的球员更喜欢中帮鞋，因为中帮鞋限制性较小，更加灵活。在正规比赛中，大约只有10% 的运动员穿低帮的鞋。这种鞋比较轻，但护踝作用没有高帮鞋的好。

平足或高足弓的球员可能更容易受伤，需要不同类型的足弓支撑，所以购买定制鞋垫是最好的解决方案，可以根据自己的具体需求定制鞋垫。

图 4-17　高帮篮球鞋

常见的篮球鞋底纹

篮球鞋的鞋底花纹通常采用人字形，以便在多方向防滑突然停止和启动时提供牵引力。常见的鞋底纹还有圆圈与扭转点。圆圈也被叫做“扭转点”，篮球运动中的快速旋转一般都在前掌内侧和后跟区域展开，圆形纹路有利于左右旋转以防脚踝扭伤。

图 4-18　常见的篮球鞋鞋底纹路

注意： 在练习和比赛中穿破旧的、已经磨损的篮球鞋，会降低对脚的保护性，甚至导致脚部受伤。建议定期更换篮球鞋。

足球鞋

足球比赛可以在各种各样的场地上进行，如泥泞潮湿的场地或人造草坪。为了提高速度和灵活性，足球运动员应改变他们的鞋和鞋钉，以适应各种环境并提供最大的抓地力。

足球鞋的鞋钉可以使双脚很好地抓地，帮助运动员更好地在草地上起步、停止和控球，也降低了滑倒的可能性。

目前市场上主要有 SG、FG、HG、AG、TF 以及 IN/IC 这六大类鞋钉。

SG，即 Soft Ground（松软的场地）的缩写。SG 鞋钉通常为金属材质，也就是我们常说的“钢钉”，比较长，适用于表面松软或者非常松软和泥泞的草地。

图 4-19　SG 足球鞋

FG，即 Firm Ground（偏硬的场地）的缩写。FG 鞋钉通常采用树脂材质制造，适合平整的专业草地、橡胶人工草地。设计师针对天然草场对 FG 球鞋作出了专门的改良，使大多数球员都在

图 4-20　FG 鞋钉足球鞋

这种场地上选择了 FG 鞋钉。

HG，即 Hard Ground（坚硬的场地）的缩写。HG 鞋钉是从日本引进的，鞋钉比 FG 稍短，较 AG 略长，比较粗壮，通常都是胶质的，硬度较低。HG 鞋钉足球鞋适用于顶级人工草地或中等人工草地、2/3 一元硬币厚度的橡胶加细沙场地及条件中上等的业余比赛场地。

图 4-21　HG 鞋钉足球鞋

AG，即 Artificial Ground（人草专用钉）的缩写。AG 鞋钉的前身是 MG，它的钉比 HG 的短，一般为 1 厘米左右，且采用的橡胶比 FG、HG 都要柔软，钉的数量也要比上述两类多。AG 鞋钉的足球鞋适用于厚度大于 1 厘米的橡胶粒加细沙的人造草坪，不适合橡胶地、水泥地、木地板场地。

图 4-22　AG 鞋钉足球鞋

TF，即 Turf（人工塑料场地）的缩写。采用 TF 鞋钉的足球鞋也就是俗称的碎钉足球鞋，其短而密集的橡胶钉，适合在各类场地，如大多数水泥地、薄人工草皮、不同软硬和厚度的塑胶场地等进行足球训练和比赛。

图 4-23　TF 鞋钉足球鞋

IN，即 Indoor（室内足球场）。IN 球鞋大多是平底设计，没有鞋钉，由各种纹路进行防滑，俗称“牛筋底”，通常采用防滑无痕橡胶鞋底。IN 足球鞋是街头足球、室内足球运动的首选鞋，

图 4-24 IC&IN 足球鞋

适合石沙底人工草地、橡胶地、水泥地、木地板场地。

选择足球鞋时，除了鞋钉还应考虑鞋的其他特点。足球鞋需要紧密贴合脚跟和脚趾，以改善脚对球的触感，并防止脚在鞋里面滑动。

足球鞋主要有三种。高帮足球鞋可支撑整个脚踝，适合前锋和中锋，因其能很好地支撑运动员的连续横向运动。也有中帮足球鞋，中帮鞋在后卫球员中很受欢迎，能够提供支撑，但比高帮鞋更具灵活性。一些防守型后卫喜欢低帮鞋，因其运动需要敏捷性，而低帮款式鞋的重量轻，给了脚踝足够的灵活性，从而使运动员获得最快的跑步速度。

足球鞋采用橡胶或聚氨酯外底，轻盈耐用，没有中底。鞋面可以是合成材质或皮革的。足球鞋的外底往往较厚，而材料通常较重，由皮革或合成材料制成。

另外，穿合脚的足球鞋可以有效地避免脚趾瘀伤。当被其他球员踩到，或者脚趾受到挤压，就会发生这种情况。足球鞋的合脚程度会影响球员踢球和奔跑的方式。

羽毛球鞋

羽毛球运动要求运动员必须敏捷、有力、快速，所以羽毛球鞋的基本要求就是鞋底的防滑性，并且还应具有缓震性与耐磨性。

在羽毛球比赛中，运动员经常有跳跃和弓箭步动作，所以脚落地时，鞋子必须能提供一些缓冲，才能使运动员的膝盖不受伤害。厚鞋垫并不一定意味着很好的缓冲效果。羽毛球鞋的鞋垫必须更薄、更柔软，这样运动员才可以在没有阻碍的情况下侧向移动。

羽毛球鞋的鞋帮应该是中帮，这样脚踝才比较安全，尤其是在横向运动的时候。

在羽毛球运动中，鞋的重量非常重要。如果鞋太重，运动员会很容易疲劳，受伤的概率也很大。羽毛球鞋的重量一般为250 ～ 330 克。

羽毛球鞋鞋底多为韧性比较好的牛筋底，适合在室内运动。如在室外可选择高级的橡皮合成鞋底，效果也不错。运动员在打羽毛球时，会频繁地横向移动，所以羽毛球鞋的外底应有较低的螺纹，适当起到防滑作用。但羽毛球鞋的鞋底不可以有太强的抓地性，否则运动员侧向移动时会容易崴脚。

羽毛球鞋的 5 个关键特点

鞋的后跟杯需要加固。图 4–25 所指的区域称为鞋的后跟杯，位于脚跟和脚踝连接处，所以必须坚固，以防止脚踝扭伤。

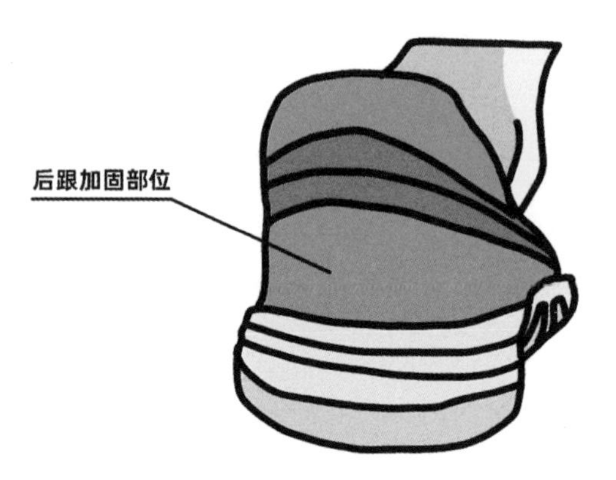

图 4-25　鞋的后跟加固部位

鞋前帮应使用两种材料制作。大多数的羽毛球鞋都是从鞋前帮内侧开始损坏的。建议选择鞋前帮有加固层的鞋子，且加固层的材料较厚，这样可以防止脚在左右移动时滑出。

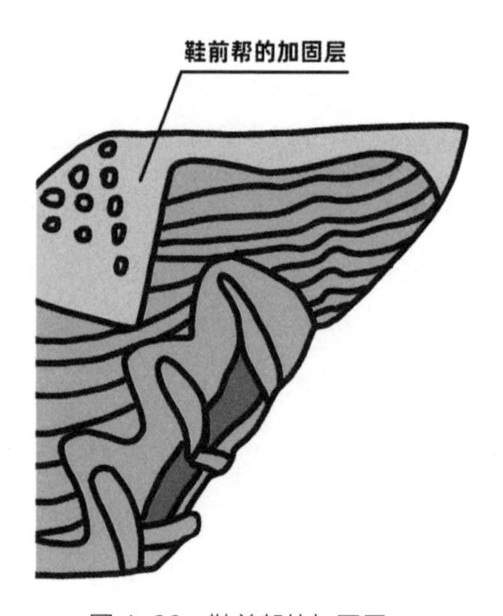

图 4-26　鞋前帮的加固层

鞋底中部要足够深。有些鞋底是平的，不适合打羽毛球，所以一定要买底中部深的鞋。

羽毛球鞋的外底应有弯曲的通道图案（条纹），帮助运动员以更快的响应速度向侧面移动。

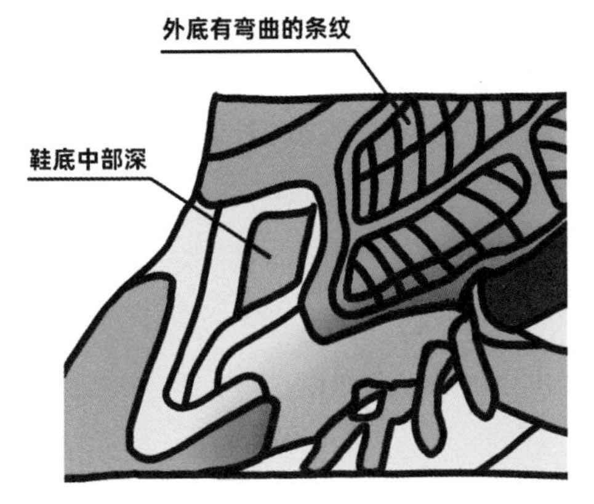

图 4-27　羽毛球鞋的鞋底中部深，外底有弯曲的通道图案

鞋底中间内侧加硬，以限制鞋子中部的扭曲。

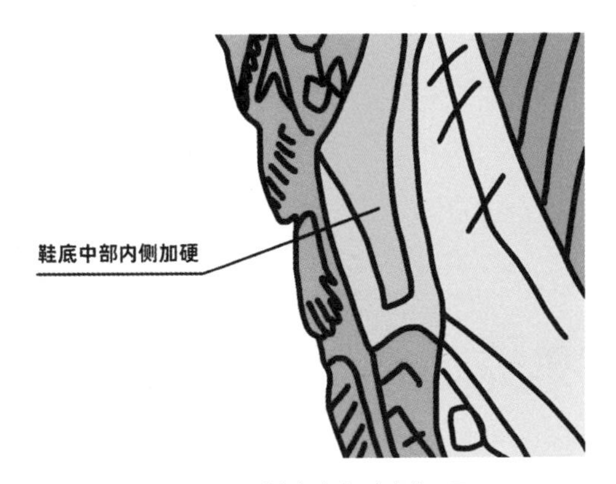

图 4-28　鞋底中部内侧加硬

乒乓球鞋

乒乓球是一项特殊的运动，有很多快速的小步移动和横向运动。这就是为什么乒乓球鞋与其他室内运动鞋不一样。选择错误的鞋子，不仅会妨碍运动员的移动，还会在乒乓球比赛中造成伤害。一双好的乒乓球鞋应该是轻薄的，且外底、后跟杯中下部和两侧要有良好的保护。

乒乓球鞋需要薄而有抓地力的外底，还要有平坦的鞋底和良好的支撑，保护脚的横向跳跃。

运动员打乒乓球需要快速横向移动，所以乒乓球鞋两侧应有支撑点；专业的乒乓球鞋普遍鞋底比较薄而且轻，这样运动员在跑动时反应会更灵敏，移动速度更快；乒乓球运动中侧向运动和向前启动时运动员主要的发力区域在前脚掌，所以要求鞋加宽前掌，并在前脚掌外侧采用斜面设计，防止鞋侧翻，从而起到对运动员的保护作用；乒乓球鞋内侧则应加硬，增加这个部位的摩擦力，以提高运动员的启动速度，便于运动员灵活移动。

不要简单地用跑鞋来代替乒乓球鞋，太厚的外底和高后跟杯会妨碍运动员横向移动，并容易造成伤害。

图 4-29　乒乓球鞋

另外，由于小范围移动和多方向的防滑需求，乒乓球鞋的底纹更像羽毛球鞋的，但乒乓球运动跳跃动作相对少，所以乒乓球鞋的中底会更薄，便于地面与脚的直接“沟通”。

网球鞋

网球运动员在比赛时常有短跑、滑步、横向和垂直运动。

在任何网球场上打网球，都要求鞋子必须结实、轻便、稳定，而能够提供出色的稳定性和耐用性的鞋子往往会比较重。所以运动员在选择网球鞋之前必须考虑一些因素，这样才能找到一双最适合自己的鞋子。

如何根据网球场选择网球鞋

不同款式的鞋子适用于不同的场地，最大的不同在于鞋底。

注意： 在红土球场和草地球场打网球，要求网球鞋有无痕迹鞋底（non-marking outsole）。

硬地球场。硬地网球场很有挑战性。硬场地网球鞋需要有良好的减震性，使脚可以承受在硬网球场上打球时的冲击。

红土球场。首先，这种球场比硬地球场软，所以适用于该场地的网球鞋首先应由合成材料制成，不容易吸附沙土或被沙土堵塞。其次，红土网球鞋需要具有良好的抓地力，以防球员滑倒。最后，红土网球鞋一般也应比较轻，使运动员能够高效地奔跑。

草地球场。适合草地球场的网球鞋，鞋底的弯折性应更好，更灵活，同时应有良好的底纹设计以获得更好的防滑性能。

打网球时，鞋子的稳定性至关重要。网球运动员在打球时必须做快速的动作，无论是短跑、击球，还是前后移动以及各种各

图 4-30　网球鞋

样的动作。加宽的鞋底对球员在比赛中保持舒适和平衡有很大的帮助。网球运动对网球鞋侧帮的冲击较大，所以鞋帮的侧面一般要有加强设计，并增加内侧的柔软度和外侧的耐久度。

网球运动还有个很明显的后退动作，所以网球鞋后跟的后端基本都会削去一块，以减少后退移动时的阻力。

二　舞蹈鞋

舞鞋的鞋底更柔软、更灵活。选择一双适合你的舞蹈风格的舞鞋非常重要。每种风格的舞蹈都有一种特定的移动双脚的方式，鞋也应该根据这些特定舞步来选择。

正确的舞鞋不仅能支撑舞者的运动，还能创造一种氛围。当一个舞者能够以一种有影响力的方式舞动时，整个表演就有了新的意义。

1. 街舞鞋

街舞是一种高能量消耗的运动，需要舞者有较好的体力基础，以及一种能保护和支撑脚踝的鞋，如高帮鞋。带有缓冲垫的运动鞋对关节的保护非常重要，同时鞋子的柔韧性也能帮助舞者流畅地完成舞蹈动作。

图 4-31　高帮板鞋

理想情况下，街舞鞋应该由透气面料制成，如网眼布或帆布，可以增加空气流通，减少出汗和潮湿，防止滋生真菌和引发脚臭。

2. 芭蕾舞鞋

芭蕾舞鞋主要有两种：软芭蕾舞鞋和足尖鞋。足尖鞋用来表演，软芭蕾舞鞋用来训练。另外还有一种叫软足尖鞋，作为两者之间的过渡鞋。

足尖鞋不同于普通的软底练功鞋。它的前部有一个由特殊胶水把布一层一层粘起来并打实，形成的硬硬的鞋头，并且在最前端有一个小小的平面；而鞋底里面有一块橡胶鞋板，鞋底外面有一块皮质包底。芭蕾舞演员就是靠鞋板的帮助立起来，并利用鞋头的小平面固定重心的。

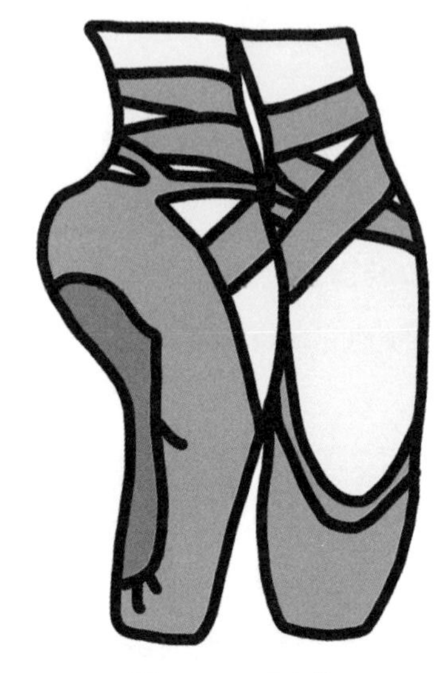
图 4-32　足尖鞋

在选择芭蕾舞鞋时，舒适度和尺码是相辅相成的。舞者应该认真试穿芭蕾舞鞋，并确保脚趾可以在鞋里移动，但鞋又不会松垮地挂在脚上。芭蕾舞初学者经常错误地认为鞋子应该裹紧他们的脚，但其实过紧的鞋子无法让舞者伸展脚趾以保持平衡。

如何挑选足尖鞋

站立。让双脚自然立于平地上，观察脚大致的形状、宽度和长度，以确定合适的型号。

试穿。穿上鞋，轻拉系带并打个比较松的结。先看看鞋总体是否符合脚型。足尖鞋必须与脚有同样的长度和宽度。试鞋时脚趾一定不能抠着，并应试着蹲下检查鞋的宽度是否合适。以感觉到五个脚趾能完全放平，而脚外侧受到轻微挤压为宜。

两只脚都要试穿。很多人左右脚不一样大，所以两只脚都要试穿。

足尖宽度的选择。足尖鞋有多种宽度。通常鞋头比较宽的，鞋尖平面也会比较宽。对初学者来说穿这种鞋能在立脚尖时更容易找重心，但不是鞋头越宽越好，可以试试用一只脚站在地上，另一只脚立起脚尖把重心放在脚尖鞋的平面上。如果感觉到脚向鞋头内滑，就说明鞋头太宽了。从长度上看，鞋应该完全包住脚，且在立起脚尖时，脚跟处会有一个小小的突起（因为当脚绷起时脚会变短），但在脚放平做伸展动作时，这个突起应该消失。

软芭蕾舞鞋有缎面、帆布和皮革材质，但平常训练的时候建议不要穿缎面鞋。缎面材料磨损较快，而且没有伸缩性。帆布和皮革各有优缺点。男性通常更喜欢帆布芭蕾舞鞋。因为男性芭蕾舞演员的体重通常比较重，还要在舞蹈中举起舞伴，过大的体重可能会导致皮革材质的鞋粘在地板上，而帆布鞋则没有这个问题。女性舞者通常更喜欢皮革芭蕾舞鞋，因为皮革更暖和，也比较亲肤。

无论选择什么材质，重要的是这双鞋要贴合脚，不能太松，也不能太紧，更应像一只袜子。

在选择芭蕾舞鞋时，舞者还要选择全底、分底，通常这与个人偏好有关，因为两者都可以很好地发挥作用，但许多舞者发现，分底舞鞋更容易使脚和鞋底片对准（确切地说，脚前掌与鞋前掌底片、脚后跟与鞋后掌底片更容易对准）。全底鞋就没有那么灵活，但全底鞋可以为脚提供更多的支撑，是初学者的最佳选择。

帆布材质通常用于分底芭蕾舞鞋；缎面材质最常用于表演；皮革材质通常用于全底芭蕾舞鞋。

3. 拉丁舞鞋

拉丁舞鞋应像袜子一样合脚，脚踝周围应力求完美贴合。一双非常合脚的拉丁舞鞋能改善舞者与音乐、地板和舞伴之间的联系。

拉丁舞鞋的重量比日常鞋轻，更灵活，使脚可以更轻松更自由地移动。这将有助于舞者在跳萨尔萨舞、伦巴舞和探戈舞时进行急转弯。拉丁舞鞋是反绒皮的，在木地板或胶地板的正式比赛场地上有非常好的触地能力和摩擦力，适合展示舞者的脚部线条，让拉丁舞更美。

所以，拉丁舞鞋不能乱选，更不能以普通高跟鞋代替。

图 4-33　酒杯中跟拉丁舞鞋

注意： 拉丁舞鞋的鞋跟是有严格要求的，不是一般的高跟鞋能够代替的。

鞋跟的高度主要有：

儿童：3.5 厘米或者以下（一般为粗跟，防止小孩摔倒）

老年：3.5 厘米或者以上（一般为粗跟，防止老年人摔倒）

男式：3.5 厘米或者 4 厘米左右

女式：3.5 厘米、5 ~ 5.5 厘米、7 厘米、8 厘米、9 厘米。（跟型可选，一般为粗跟或者酒杯跟型）

露趾鞋适用于拉丁舞和节奏舞，如萨尔萨舞、伦巴舞和探戈舞。鞋子的露趾设计使舞者更容易跳出精确的步法，而闭趾鞋则适用于狐步舞和华尔兹舞等舞蹈。

拉丁舞鞋鞋底有足够的填充物，脚底还有额外的垫子。这样可以减轻压力和吸收冲击，可以帮助舞者站立好几个小时而不会在舞池里摇摆不定。

对于一位女士来说，从一开始就穿着 7 厘米或 8 厘米的高跟鞋跳舞是不现实的。需要训练脚以跳拉丁舞的正确方式移动，并在跳舞时锻炼脚和脚踝肌肉。

拉丁舞鞋应该让舞者感觉身体重心向脚掌方向稍微前移。如果打算长时间跳拉丁舞，比如说每天两个多小时，就不适合一直穿着高跟拉丁舞鞋了，要选一双训练鞋。

图 4-34　训练鞋

4. 拉丁舞与交际舞鞋

大家很容易对交际舞鞋和拉丁舞鞋的区别感到困惑。因为所有的交际舞鞋和拉丁舞鞋都有一个共同点：绒面革或皮革鞋底。

交际舞鞋专为圆舞曲、探戈和狐步等舞蹈设计。拉丁舞鞋是为桑巴舞、伦巴舞或恰恰舞设计的，有较高的鞋跟和凸起的足弓，有助于臀部运动。

拉丁舞与交际舞鞋型之间的主要区别：

女士的交际舞鞋是全封闭的，通常有宽而厚的鞋跟，鞋跟高度通常为 4 ～ 6 厘米，脚面上有带扣或无带扣都可以，鞋底不需要应付太多的灵活动作。

图 4-35　男式交际舞鞋

女士的拉丁舞鞋经常是露趾的、可调节的和带扣的。它们可以帮助舞者将所有的重量放在脚趾上，同时正确地伸展脚趾。

男式交际舞鞋与男式正装鞋相似，是封闭式的，鞋跟较低，并且有鞋带。

三　室内运动鞋

1. 瑜伽鞋

现在，瑜伽的受欢迎程度不断上升。作为一种锻炼方式，瑜伽适合多个年龄段和活动水平的男性、女性，堪称最受欢迎的运动之一。随着它越来越受欢迎，人们对瑜伽鞋的需求也在增加，也有很多人喜欢赤脚练习瑜伽。

像瑜伽这样慢节奏的运动也会带来足部和脚踝的损伤吗？回答是肯定的。所以，一双良好的瑜伽鞋需要具备的特点有：合理的重量、灵活性、透气性、抓地力、舒适性。

重量

瑜伽中有许多不同的姿势和动作，要求人们以某种方式移动或将脚抬离地面，所以需要穿一双轻便的瑜伽鞋，厚重的鞋子会影响做动作。鞋的重量大多会集中在鞋底上，因此选择轻质瑜伽鞋的最佳方法之一就是寻找柔软、有弹性的鞋底，不要买鞋底较厚的鞋子。

灵活性

练习瑜伽时，脚需要向不同方向扭曲、弯曲和转动，所以如果穿不灵活和不合脚的鞋，会很容易在训练结束时感到脚疼。

所以瑜伽鞋灵活性是不可或缺的。轻便灵活的瑜伽鞋才能让脚在伸展时感到舒适，确保双脚自由移动时不会感觉到阻力。

判断瑜伽鞋的灵活性的一个标准是：像袜子一样灵活。如果穿着瑜伽鞋可以不受限制地移动双脚，就像穿着袜子一样，那这双瑜伽鞋就是一双灵活性良好的瑜伽鞋。

透气性

练瑜伽容易让人出汗，就算不做热瑜伽也容易让人的全身特别是双脚大汗淋漓。所以瑜伽鞋的透气性很重要。一些透气性良好的瑜伽鞋面料类型包括针织鞋面、网眼布和帆布，高档的还有羊皮、头层牛皮等。

摩擦力

人在做瑜伽时，瑜伽鞋应牢牢地抓住地面，抓地不当的鞋子很容易让人摔倒，造成姿势变形，从而导致受伤。橡胶是具有抓地力的材料之一，制成的鞋底可为所有伸展动作提供最大牵引力，帮助练瑜伽的人在做瑜伽时保持正确的姿势。

还应考虑鞋底厚薄与纹路设计。鞋底要薄且有浅花纹，这样不会对瑜伽垫或地板造成损坏，同时也能提供所需的抓地力。

舒适

瑜伽鞋的舒适性，表现在“无跟”。无跟鞋使穿着者站在平坦的地面上时，有更自然的赤脚体验，并在所有姿势中都能提供良好的支撑，提高瑜伽练习的舒适度和动作的准确度。

此外，鞋底的减震缓冲垫对舒适性的影响很大。具有良好缓冲性的瑜伽鞋使人每迈出一步都能体会到双脚的舒适感，对于瑜伽爱好者在户外锻炼又不使用瑜伽垫的来说，是理想的选择。

对于扁平足或患有足底筋膜炎等脚疾的人，适当地加厚缓冲鞋垫、穿着定制的足弓垫等可以更好地保护双脚。

常见的瑜伽鞋类型

鞋袜

鞋袜的鞋帮面轻盈、舒适，脚前部下方有抓地条纹，可在光滑的室内地面上提供出色的抓地力，使人在做一些高难度的瑜伽动作时感觉舒适并保持稳定。

露趾设计的瑜伽袜，其舒适性适合大部分人，但这种鞋袜不适合脚掌较宽的人。

露趾瑜伽袜很常见，但露脚跟的瑜伽袜较少。露脚跟瑜伽袜既能保护双脚，其穿着体验又近似赤脚，它能使脚与地面的接触感更加真实。

图 4-36　露趾瑜伽袜

图 4-37　露跟瑜伽袜

五指鞋

适用于室内训练的五指鞋也可用于瑜伽。其橡胶鞋底有极好的抓地力和摩擦力，可以使人在练瑜伽的时候随心所欲，也给穿着带来了极佳的舒适性。五指鞋轻薄、灵活，如同足部的一个护套一样，在给脚带来保护的同时又不会有束缚感。

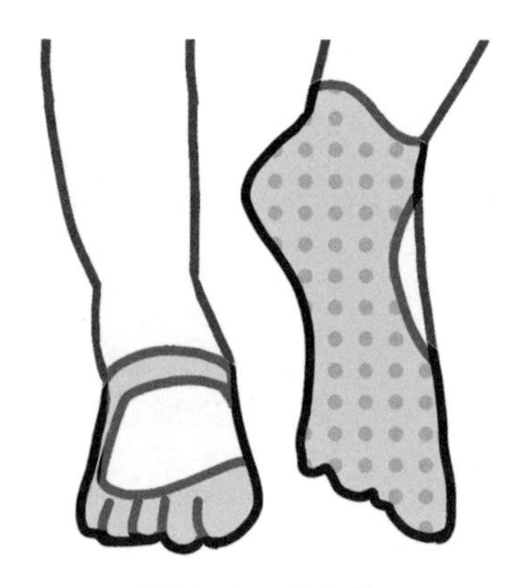

图 4-38　五指鞋

瑜伽运动鞋

瑜伽运动鞋鞋面采用套式的袜子般的设计，舒适地贴合双脚，提供赤足的感觉，也提供了支撑。这种鞋可加入不同厚度的

图 4-39　瑜伽运动鞋

缓冲垫，适合在较硬的地板上进行锻炼。

瑜伽凉鞋

这种看起来像沙滩凉鞋的“瑜伽鞋”，是一种户外瑜伽凉鞋。

或许，有时候我们会有一种冲动想早早起床迎着初升的太阳在海滩上做瑜伽，想更好地接触大自然，在树林里练瑜伽。这些情况都很适合穿这种户外瑜伽鞋。

图 4-40　户外瑜伽鞋

户外瑜伽鞋的鞋垫由瑜伽垫材料制成，相当于瑜伽垫直接内置在鞋中，穿着就可以轻松地在户外做瑜伽，而不需要拖着瑜伽垫到处走了，就算整天穿着户外瑜伽鞋，脚也不会感到疼痛、疲劳和不适。在进行瑜伽练习时，脚不容易出汗，因为这些鞋子就像凉鞋一样凉快。这种面料既舒适又防滑，即使在最不容易保持平衡的姿势下也能让鞋牢牢固定，让人保持舒适和凉爽。

2. 健身鞋

购买在健身房健身的鞋子时，不要只考虑是否与运动装相配。首先，要考虑做哪些项目时穿。您在健身房是举重、跑步、跳操，还是什么都做？是最需要灵活性，还是稳定性？想好了才能够有针对性地选择鞋子。

如果需要做各种各样的运动，那就可以选择一双交叉训练鞋，它能为大多数健身活动提供必要的减震和稳定性。

图 4-41　交叉运动鞋

3. 举重和力量训练鞋

如果在健身房的举重室进行举重和力量训练，穿具有抓地力的平底鞋或赤脚都可以确保举重运动的安全有效。

一些举重运动员更喜欢赤脚，让脚有更自然的稳定性。举重鞋也同样具有稳固的鞋底、良好的抓地力和良好的防滑性。

举重鞋的鞋面也不能太软，要有一定的支撑力，前掌应较宽阔，让脚能够伸展并保持稳定。鞋底应是没有鞋跟的平底，材料要坚硬、密实，能够提供较好的反推力。舒适的软鞋垫、鞋底都不可取。

专用举重鞋的活动性较低，减震性也较低，所以举重鞋不适用于其他健身活动。不要在举重室内穿高科技厚底跑鞋。

图 4-42　举重鞋

4. 跳操类项目鞋

有氧运动或力量训练课，需要学员在课堂上不断地跳跃和左右移动，所以要选择能提供足够缓冲、支撑和抓地力的鞋子。轻便、脚趾处较宽，有交叉袢襻带，有足弓和脚踝支撑，不让脚感觉沉重或过热的训练鞋，可以在课堂上获得最佳运动效果。

图 4-43 跳操鞋

5. 跑步机适用鞋

在健身房的跑步机上跑步，应该购买跑鞋。买的时候，根据你的跑步方式选择鞋子的类型（详见 70 页跑鞋章节）。

6. 高强度间歇（HIIT）训练鞋

高强度间歇（HIIT）训练结合了爆发式的多项运动绳。所以与之相匹配的鞋子需要吸收冲击力，轻便灵活，同时还应具有稳定性，以便进行持续快速的侧向运动。鞋要有以下特点：强大的侧向支撑，帮助稳定双脚；较好的缓冲性能可以吸收冲击力；较好的稳定能力，让双脚在每次运动后都能保持舒适。

图 4-44 高强度间歇（HIIT）训练

高强度间歇训练+举重的最佳鞋款

如果在高强度间歇训练中增加力量训练，鞋要更坚固、更稳定，同时还要具有轻盈、缓冲性能和灵活性。

7. 拳击与摔跤鞋

拳击鞋

拳击鞋，比普通跑鞋更应具有支撑力，同时也要根据个人的拳击风格来选择。不同的拳击鞋对运动员在赛场上的速度和灵活性影响很大。如果你计划定期参加拳击比赛，就要选一双合适的鞋。拳击鞋首先要考虑的是鞋底。鞋底要有足够的抓地力，以免拳击手滑倒，但抓地力又不能太过，要考虑向前、向后、横向或旋转时脚踝的舒适性。

如图 4-45 所示，拳击鞋的底纹是有利于旋转的底纹设计。

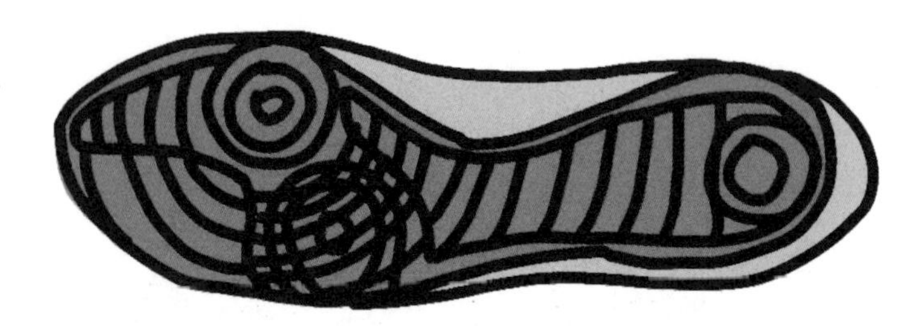

图 4-45　拳击鞋底纹设计

高帮与低帮拳击鞋

低帮拳击鞋看起来更像高帮运动鞋，但不像高帮鞋那样能提供足踝支撑。低帮拳击鞋可以加快脚和脚踝的运动，适合速度型拳击选手。

高帮拳击鞋更具保护作用，在旋转和移动双脚时能支撑脚踝和小腿。

拳击鞋要尽可能选择轻量的，鞋面最好是由透气的绒面革或皮革制成，橡胶材料制成的鞋底能很好地抓住地面。

拳击鞋的试穿尤为重要。拳击鞋要比日常鞋更窄更合脚，穿

图 4-46　低帮、高帮拳击鞋

上后应踮起脚尖跳几次，检查是否有不舒服的部位。拳击鞋一点点的不合脚也可能成为拳击场上的一个大问题，一定要注意。

摔跤鞋

摔跤鞋由轻质合成材料制成，鞋面使用网眼材质，配有橡胶鞋底，以防运动员在垫子上滑倒。摔跤鞋必须是轻便灵活的，使脚在比赛中移动到任何位置都不会感到受挤压或不适。摔跤鞋的鞋底呈脊状，可以与柔软的摔跤垫子相接，从而稳固地抓地。摔跤鞋的鞋底很薄，几乎没有内衬垫或足弓支撑，这也是为了保持鞋的轻量化。

图 4-47　摔跤鞋

拳击鞋与摔跤鞋的区别

拳击鞋与摔跤鞋都是轻巧、合脚、类似靴子的鞋子，专为快速移动和抓地而设计。

摔跤鞋必须是灵活的，大多由轻质合成材料制成，并有着网眼鞋面；拳击鞋鞋面则推荐使用轻质皮革或翻毛皮材质。

拳击手比摔跤手站得更直，更有可能在没有防备的情况下摔倒。摔跤手也经常摔倒，但他们通常能知道自己马上要摔跤，且都接受过安全摔倒的训练。所以相比之下，拳击手脚踝骨折的风险更高。正因为如此，拳击鞋的脚踝保护应做得更好，由鞋带或尼龙搭扣固定。高帮拳击鞋可以高及小腿。穿着低帮拳击鞋的拳击手经常在比赛前用胶带固定脚踝。

拳击鞋的鞋底部花纹比较浅，可以在帆布上快速移动。鞋底有纹理和凹槽，能提供一定的抓地力，尤其是向前和向后。摔跤鞋的鞋底呈脊状，与柔软的摔跤垫子相接。很多摔跤鞋都会在鞋底上刻一个或多个圆圈，以提供稳固的全方位的抓地力。这两种鞋的鞋底都很薄，几乎没有衬垫或足弓支撑。对拳击和摔跤运动而言，重量轻比提供额外的舒适感更为重要。

第五部分

上班族选鞋问题与应对

无论是在职场还是在上班路上，穿鞋也同样需要认真对待。在本部分中，我们就来谈谈上班族选鞋的问题。

1. 高跟鞋

高跟鞋作为职场女性的必备鞋，泛指鞋跟高度在 5 ～ 10 厘米的鞋。穿上高跟鞋能凸显女性身体曲线，也可以搭配职场正装。电影《欲望都市》女主 Carrie 说过一句至今在时尚圈还很流行的话：“站在高跟鞋上我能看见全世界！”高跟鞋，仿佛有神奇的魔力，女性穿上后增加的不仅仅是高度，还有内心的自信。但是凡事都具有两面性，高跟鞋带来美的同时，也会对身体产生危害。经常穿高跟鞋会使女性小腿肌肉萎缩，损伤行走和奔跑的能力。尤其是长期穿不合脚的高跟鞋，容易引起脚部变形、踇外翻、O 形腿等，甚至会导致膝盖关节受力偏移，影响到腰椎，使脊椎疼痛。

如何选择合适的高跟鞋?

面对市面上鞋型多样、品牌繁多的高跟鞋，很多女生有些不知所措，不知如何去选择高跟鞋。选择一双美丽且舒适的高跟鞋，要从这几个方面入手：喜爱的高跟鞋款式、你的脚型、你适合的鞋型宽度、你所能承受的鞋跟高度。

脚型

鞋子合不合适，只有脚知道。不同的脚型要挑选不同的鞋型。想要找到一双合适的高跟鞋，首先要从了解自己的脚型开始。最常见的脚型是埃及脚型、罗马脚型和希腊脚型。

埃及脚型最适合圆头鞋、斜尖头鞋、杏仁头鞋等常规的鞋

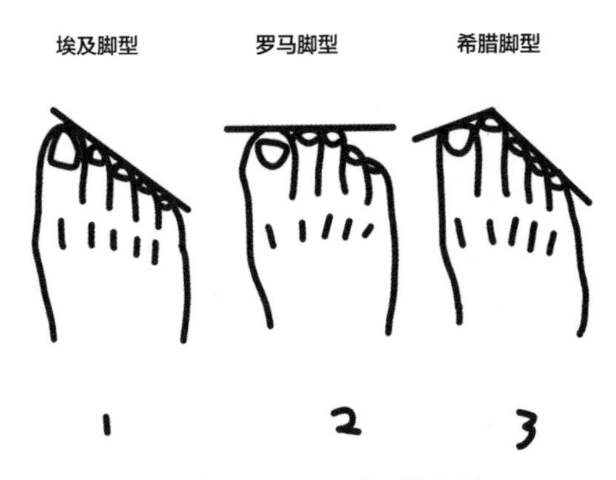

图 5-1　世界上最常见的脚型

型，很百搭，基本没有选鞋困难。

罗马脚型适合鞋头空间较大的方头或者圆头鞋。由于脚趾都差不多长，尖头鞋会挤压脚趾头，所以不适合穿。

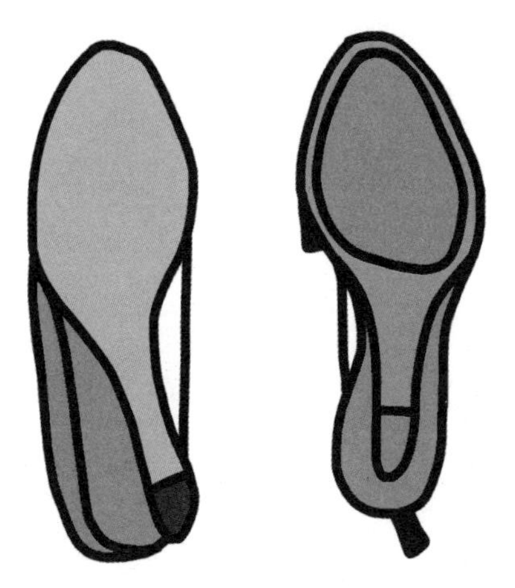

图 5-2　斜尖头鞋、杏仁头鞋

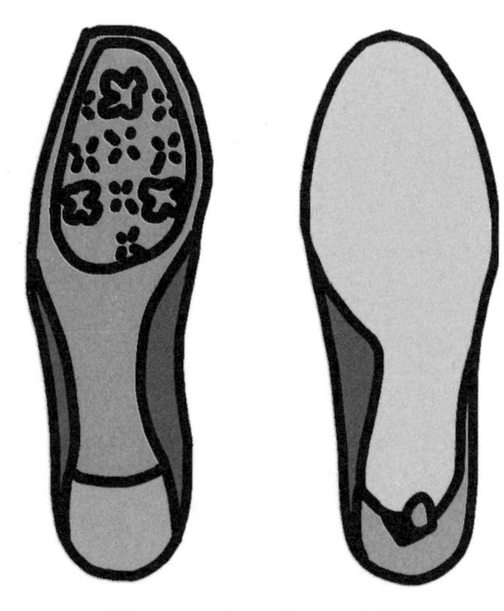

图 5-3　方头或者圆头鞋

希腊脚型适合尖头鞋，尖头鞋能充分展现希腊脚型的美，使之看起来更加修长美丽。但是希腊脚型不适合穿鱼嘴鞋或者罗马鞋，因为二脚趾会尴尬地跑到外面来。

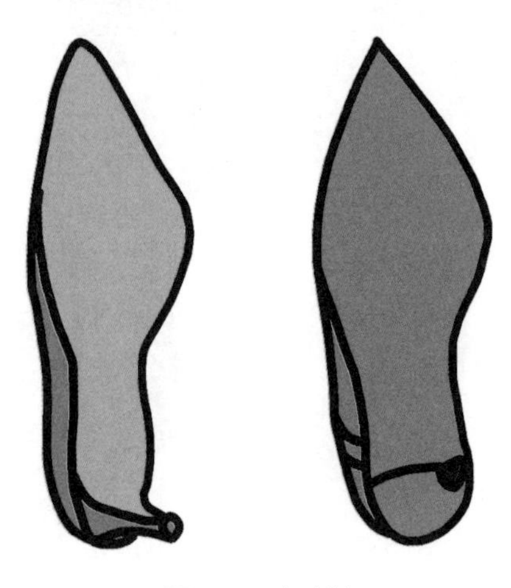

图 5-4　尖头鞋

除了以上几种常见的脚型以外，还有一些特殊的脚型：跗外翻、高足弓、扁平足、没有脚后跟、瘦窄脚、宽胖脚，这些脚型的人在选鞋时都需要特别注意。

跗外翻

正常情况下，脚的大脚趾应该是与其他脚趾并列的。但有些人的大脚趾会向小趾方向偏斜，甚至与第二趾交叉、重叠，这种脚型医学上称为“跗外翻”。这种脚型想要舒适地驾驭高跟鞋，就要选择专门为跗外翻脚型所设计的高跟鞋。

高足弓

高足弓脚型的女性，脚面高，足弓没有弹性，穿船鞋时很容易鞋不跟脚，又因脚面也较高，所以选择鞋面覆盖脚背面积太大的鞋子，很容易压迫足背。可选择脚面有襻带的高跟鞋，也可以尝试穿露出部分脚背的短靴等款式。

图 5-5 高跟玛丽珍鞋

扁平足

扁平足脚型稳定性相对较差，选择高跟鞋的时候，最好选择粗跟的，并要亲自去试穿。鞋跟最好不要高过 7 厘米。日常可尽量选择平底、低跟或者中跟鞋。

图 5-6 粗跟高跟鞋

没有脚后跟

常说的没有脚后跟是指脚后跟没有弧度。这种脚型的人在选鞋时可参考高足弓脚型选鞋方式，如选择系带款式。系带的鞋子可以防止鞋不跟脚。

瘦窄脚型

瘦窄脚型要选择瘦型鞋，鞋盒上标注“1 型”或“1.5 型”，如果是“2 型”就显得鞋肥了，穿在脚上不稳定，很容易崴脚。如果没有找到瘦型款，建议穿脚背有受力点的，如系带款。无论系踝还是系脚背，只要能帮助固定鞋就可以了。不要选择鞋身很重的鞋，如坡跟、粗跟、厚水台底鞋。

宽胖脚型

这样的脚型也不适合穿很尖的尖头鞋，尖头鞋会使脚趾受到明显的挤压，严重的话会导致脚趾变形。

鞋肥瘦度的标识——型宽

型宽

一个女高跟鞋品牌是否专业，很重要的一个指标就是看它是否有不同的鞋型宽度标识。按照标准要求，鞋型的标识有 1 型、1.5 型和 2 型，对应的是窄型、标准型、宽型。选择适合自己脚型宽度的鞋子可以有效地避免挤脚。另外如果脚型偏肥，应尽量选择亚洲品牌的鞋型，欧美的标准鞋型窄于亚洲的鞋型。

鞋跟

高跟鞋从行走稳定性来说，鞋跟的形状排行如下：粗高跟 > 路易斯高跟 > 细高跟，但从美观度来说，荣登第一的是细高跟。

简单地检验鞋跟的高度是否合适，可穿上高跟鞋踮起脚，鞋跟距离地面还有 2 厘米以上，说明这双鞋的高度适合你。

图 5-7　粗高跟

图 5-8　路易斯高跟

图 5-9 细高跟

选购高跟鞋的几个要点

尺码

鞋子要留有适度的内部空间。用脚尖轻轻顶住鞋头时，脚后跟与鞋后帮之间还能留下约 1 厘米的距离（大约能塞进一个小拇指），是比较合适的。

前掌的舒适性

穿高跟鞋走路，脚的前掌部位受力较大，大部分压痛发生在脚跖趾关节处，也就是大脚趾趾跟外侧或小脚趾趾跟外侧。所以在试穿时，要走一走，感受一下脚掌弯折时脚的受力情况。也可以做做半蹲，体会一下脚胀的感觉。鞋垫前掌处要有一定厚度，以吸收来自地面的反作用力。

图 5-10 跖趾关节痛点

鞋子的稳定性

高跟鞋的稳定性是保证能否穿着稳定的关键。记得我亲自测试过英国产的拉丁舞鞋的稳定性。拎起鞋口，在大概半米的高度松开，让鞋“自由落体”。那些落地后还是稳稳地站在地上的鞋，稳定性就很好。相比之下，重心点不对的高跟鞋会歪倒在地面上。当然，拉丁舞、国标舞者们穿的专业的高跟鞋，对稳定性的要求是很高的。我们日常穿的高跟鞋没必要做这样的测试，只需把鞋放在一个水平面上，用手轻碰鞋后部看鞋是否站得稳，如果后跟摇晃即表示鞋子不会很稳。再从后面看看鞋跟的垂直度，如果鞋跟是歪的，就不要购买。这也是鞋子稳定性的重要判断依据之一。

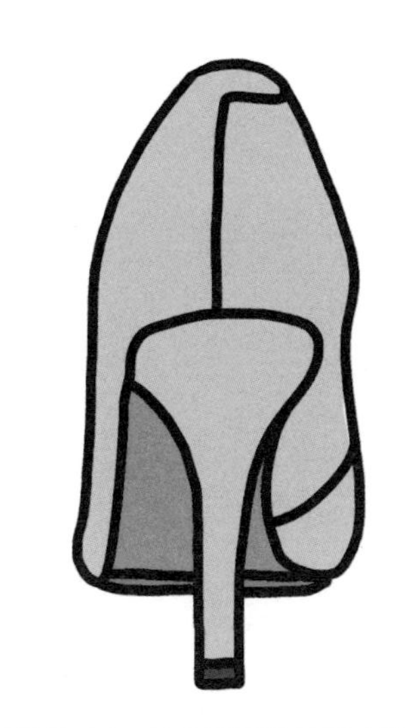

图 5-11　从后跟看鞋的稳定性

高跟鞋的材质

正常来讲，好的高跟鞋是应该价格偏贵的。因为高跟鞋对鞋型的要求很高，鞋的曲面、弧线是根据脚型设计的，而且好的材质对高跟鞋也是很重要的。

高跟鞋的材质最好是天然头层牛皮或羊皮。天然皮革有很好的延展性和弹性，透气性好，与脚的亲和性也很好，穿起来更舒适。人造革、PU 或一些二层皮贴膜等材质弹性相对差一些。

天然皮革在鞋脱离磨具后还基本能保持原有的形状，但其他延展性差的材质则很难保持原有的形状，进而影响鞋与脚的贴合。尤其是人造革、PU、移膜革等透气性差的材质，本身定型就不太容易，更别说保持鞋型了。

一天中的最佳选鞋时间

"傍晚买鞋"这件事已经家喻户晓。为什么？因为行走了一天，脚部毛细血管处于微膨胀状态，所以这个时候脚的尺寸是稍微偏大的。不过，我建议还是根据自己穿鞋的习惯确定购买时间，因为天然皮革是有一定弹性的，也不一定非要等到傍晚。

人的两只脚的尺寸大小是不同的，要根据较大的那只脚选鞋。试鞋时最好整双试穿，高跟鞋最好不要网购或托人代买，亲自试穿比较稳妥，因为不同品牌、款式的鞋，尺码的大小都会有差异。

训练一双适合穿高跟鞋的脚

想变成"高跟鞋女王"，首先要拥有一双适合穿高跟鞋的脚。如何训练自己的脚，大家可以参考一下芭蕾舞演员的方法，学会如芭蕾舞者一样踮起脚尖走路，尽量把脚跟抬高。这个时候的双脚才是能够完美地穿上高跟鞋的样子。其次要找到适合自己的高跟鞋弧度和高度。弧度和高度除了亲自试穿外别无他法。一般来说，理想的高跟鞋高度是鞋心和地面呈 45 度时，脚掌受力最均匀，舒适度最佳。最后是鞋子必须合脚，不能太大也不能太小，脚要能带起鞋。高跟鞋脚后跟处的包裹性和支撑性很重要，非专业人士是很难看出来的，最好是亲自体验。

如果是刚刚开始穿高跟鞋，也就是你的第一双高跟鞋，鞋跟高度最好不要超过 7 厘米。可以先从 5 厘米高的中跟开始，让脚踝慢慢锻炼耐力和柔韧度，习惯后再挑战更高的高度，这样才能安全、优雅地驾驭高跟鞋。

开始穿高跟鞋时不宜过于频繁，不要连续每天穿。如果需要天天穿高跟鞋，可以经常更换不同鞋跟高度的高跟鞋，以免脚的同一个部位持续承受压力，还可以常备一双通勤鞋在上班的路上穿。必须注意的是，在车上要备一双平底鞋。开车时一定不能穿高跟鞋，因为高跟鞋会影响脚的灵活性。由穿高跟鞋引发的车祸层出不穷，不可大意。

试穿高跟鞋时最好穿上袜子

图 5-12　高跟鞋

穿高跟鞋时穿袜子和不穿袜子的体验是不一样的。试穿时最好穿上袜子，如果穿袜子试穿感觉合脚，那不穿袜子时感觉会更好。

高跟鞋和裤子的搭配

鞋跟越高，裤脚越宽；鞋跟越低，裤脚越窄。所以试矮跟或平底鞋的时候，不妨把裤脚用小夹子别窄一些再看效果。

不要奢望买到“会奔跑的高跟鞋”

穿高跟鞋本就不该奔跑，因为高跟鞋从设计之初就是为了展现女性的优雅。高跟鞋上所用的科技也是为了让高跟鞋更完美地贴合女性的脚型，让脚部压力分配得更加均衡，而不是为了让人穿着高跟鞋奔跑。“会奔跑的高跟鞋”，不过是一句广告词而已。当然，市面上那种运动款坡跟鞋另说。

不同高度鞋跟的女鞋特性

平跟鞋（0～10毫米）。这种鞋的穿着体验接近赤脚的感觉，比较舒适、平稳，但穿这种鞋时脚底的受力分布不均。后跟约承受体重的80%，前掌受力约20%。由于后跟承重过大，鞋跟不能很好地吸收地面对脚及身体的冲击力，所以平跟鞋易造成脚踝、膝关节的劳损，只适合居家休闲穿。

图5-13　平跟鞋

低跟鞋（20 ～ 30 毫米）。这种鞋的舒适性、稳定性较好。穿低跟鞋走路，人的步态会比较接近自然的步行姿势。低跟鞋适合休闲、运动、工作时穿，是日常生活中必备单品。

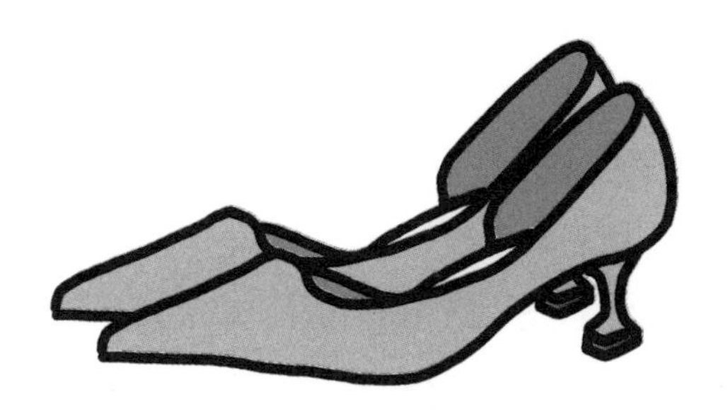

图 5-14　低跟鞋

中跟鞋（40 ～ 50 毫米）。这种跟高相对来说是让脚部受力最均衡的跟高。穿中跟鞋，脚后跟约承受体重的 70%，脚前掌约承受体重的 30%，行走时能量代谢量最低，平衡性最好，比较适合日常上班穿着。但如果跟的掌面细小，如路易斯跟、酒盅跟等，其稳定性会稍差一些，穿久了会使脚踝及小腿出现疲劳感，也应尽量避免在长距离行走时穿着。

图 5-15　中跟鞋

高跟鞋（60 ～ 70 毫米）。掌面小的鞋跟会使前掌部位的承重增大，同时后跟部位的承重明显减小，并使人体的重量集中在前掌内侧大脚趾趾肚处。高跟鞋的舒适性、稳定性稍差，长时间穿着，人的脚、踝部及小腿、膝、腰部均会感到疲劳，甚至会引起踇外翻，不适合每天穿着，尤其不适合未成年人穿着。掌面大的鞋跟由于跟掌面较大，所以稳定性、舒适性要好一些，对踝、小腿、膝、腰部的影响也相对较小，但也不适合经常穿着。

超高跟鞋（大于 80 毫米）。此时脚底压力分布会出现严重的不均衡状态，穿这种鞋走路时人的能量代谢急剧加大，平衡性变差，穿鞋也更容易疲劳。超高跟鞋一般在演出、婚礼、聚会等特殊场合穿着，但也最好不超过 4 小时，因为长时间穿超高跟鞋对脚部及人体关节的损害基本是不可逆的。

图 5-16　高跟鞋　　　图 5-17　超高跟鞋

契形跟、高台底（60 ～ 80 毫米）。这种鞋会使脚底压力分布不均衡，后跟部位承重变小，脚前掌承重变大，但由于鞋跟从腰窝部位延续到后跟部位，与地面接触面积较大，加大了底部受力面积，鞋的舒适性、稳定性大大提高。需要长期穿着高跟鞋或要穿着高跟鞋走很长的路的人，不妨选择这种跟型的鞋。

高台底鞋的前后都有垫高设计。相同跟高的情况下，前部垫起越高，穿着感受越舒适。对需要长期穿着高跟鞋的人来说，高台底鞋也是一种比较理想的选择。但前部垫高超过 40 毫米，后跟超过 80 毫米时，鞋的稳定性会变差，脚在步行过程中的能量代谢量会增大，平衡性会变差，穿鞋也更容易疲劳，对脚、踝部及小腿、膝、腰部均会造成不良影响。

图 5-18　契形跟

图 5-19　高台底

松糕底（60 ~ 80 毫米）。松糕底的鞋会使人体重心提高，加大不稳定因素。从制造工艺来看，为了保证脚在步行时前掌部位弯曲，松糕鞋前掌的凹度及前头的跷度都可能会设计得过大，从而使脚前掌的跖趾关节处于紧张状态，极易引起疲劳甚至造成劳损，并且对踝部及小腿、膝、腰部也均会造成不同程度的损伤。所以，除特殊原因外，最好不要选用底部超过 50 毫米的松糕鞋。

图 5-20　松糕鞋

2. 正装皮鞋

正装皮鞋有自己的固定款式，有尖头、圆头、方头等多种式样；鞋跟有一定高度；颜色主要以黑、棕、白为主。

正装皮鞋也是职场男性的必备鞋，与正装搭配。所以男生哪怕并不经常出席正式场合，也需要至少备有一双正装皮鞋。

正装皮鞋的常见款式有：牛津鞋、孟克鞋、德比鞋、布洛克鞋等。

牛津鞋

牛津鞋是传统的正装鞋之一。牛津鞋源于 17 世纪末 18 世纪初，一说它来自牛津大学，也有说它最早出现在苏格兰和爱尔兰。常见的牛津鞋可分为素面牛津鞋、翼型牛津鞋和三接头牛津鞋。最常见的是素面牛津鞋和三接头牛津鞋，这两种是正式程度最高，最不会出错的款式。作为男士必备的一双皮鞋，牛津鞋无论是在职场还是各种正式场合都能够完美胜任。

从制作工艺上说，牛津鞋是内耳式，也就是两只鞋耳被鞋帮压着，鞋舌被紧密地包在里面。所以牛津鞋的造型修长，很适合偏瘦的脚型。

图 5-21　三接头牛津鞋

孟克鞋

孟克鞋（Monk Strap Shoes）也叫僧侣鞋，是正式程度很高的鞋款。孟克鞋最早起源于15世纪，是由意大利修道士设计出来的一种鞋款，其最大的特色在于鞋面上有一个宽大的横向装饰及金属环扣，并压附于鞋舌上，这个横向装饰被称作僧侣带（Monk Strap）。孟克鞋的历史非常悠久，在鞋带还没发明之前，它是唯一的皮鞋款式。曾在19世纪40年代颇受欢迎的孟克鞋，在第二次世界大战期间，更被指定为美国空军军官的鞋款。

图5-22 孟克鞋

德比鞋

德比鞋（Lace-up），又名素头皮鞋，是目前市场占有率最高的职场正装皮鞋。德比鞋的特点是鞋舌与整个鞋面用一片皮料制成，两片鞋耳之间用鞋带固定并有一些间距，以便调节肥瘦与松

图 5-23 德比鞋

紧。德比鞋与牛津鞋最大的不同在于，德比鞋露出鞋舌，而牛津鞋的系鞋带处紧紧相对，遮住了鞋舌。德比鞋尤其适合脚型较宽或高脚背的人。

德比鞋在保留经典男鞋款式的同时，又能够为穿着者提供充分的穿着空间，因此，德比鞋是现代职业男士必备鞋之一。

布洛克鞋

布洛克鞋（Brogue）最初源于苏格兰和爱尔兰乡村，是当时户外工作的工人穿的皮鞋。在乡村潮湿的沼泽地里，布洛克鞋面上的雕花镂空能充当实用的排水孔，同时也能防止鞋子被泥地吸走。布洛克鞋后经温莎公爵从乡间发掘出来，让它成了绅士的象征。传统的布洛克鞋头有着精致的花卉钉孔图案，并将原本生硬的三接头转变成线条优美的侧翼。布洛克鞋的雏形以牛津鞋为模板，但发展至今，布洛克鞋经历了从正装鞋到休闲鞋的百年变迁，已不再以牛津鞋为版型，更有德比鞋、孟克鞋等诸多衍生。

图 5-24　布洛克鞋

3. 乐福鞋

乐福鞋是休闲鞋中最经典的款式。它的原型是挪威渔夫手工制作的工作鞋，由于免去了系鞋带的步骤，穿脱十分方便，最早是人们周末选择的皮鞋款式，有“懒人鞋”之称。在欧洲，老派传统男士觉得它太过花哨，不太显身份，但到了今天这个百搭的时代，它已经能同时跟西服套装、棒球外套、T 恤、牛仔裤、牛

图 5-25　乐福鞋

津纺衬衣、休闲裤，甚至是套头衫相搭配，乐福鞋也是男士休闲鞋中最经典的款式。乐福鞋有三种款式：便士、流苏和马衔扣。

4. 空乘/高铁/银行/酒店/教师工作用鞋

空姐专用鞋都是圆头皮鞋，不管带不带跟，都不会穿鞋头像火箭一样的尖头鞋。因为尖头鞋显脚大，有点碍事，不方便工作。空姐的鞋跟一般不会很高，三四厘米左右，而且不会太细，因为要应对突发事件，细跟鞋行动不方便。空姐的鞋颜色通常只有黑色一种。

与空姐类似的工作还有高铁、银行、酒店工作人员及教师等，职业用鞋的基本款式和选择标准与空乘鞋一样，需要柔软透气的真皮鞋面，鞋底最好是防滑的橡胶底，软底易曲折且走路没有很明显的声音，鞋垫也有抗菌吸汗的要求，鞋款式要求简约大方，鞋子性能要求安全舒适。

图 5-26　空乘职业鞋

5. 通勤鞋

通勤装可以展现白领女性在办公室外的魅力，适合在上班前、下班后以及平时的社交场合所穿。通勤风格的服装比职业装要随意一些，但比平日所穿的休闲装要正式。通勤鞋是与通勤装搭配的鞋，并非是一种特定的鞋，而是一类鞋。通勤鞋以乐福鞋和单鞋为主，颜色通常是黑色、棕色、米色等大众色。因为穿着时间较长，所以通勤鞋对于舒适性的要求也挺高的，材料要求柔软好穿不磨脚，鞋子款式要求时尚百搭。

图 5-27 通勤鞋

6. 劳保鞋

劳保鞋是一种对足部有安全防护作用的鞋。它的作用很多，如保护足趾、防刺穿、绝缘、耐酸碱等。 劳保鞋的选用应根据工作环境的特点和危害程度进行。我国根据鞋的防护性能来进行劳保鞋的分类，主要有防静电鞋和导电鞋、绝缘鞋、防砸防刺穿安全鞋、防酸碱鞋、防油鞋、防滑鞋、防寒鞋、防水鞋等专用鞋。

防静电鞋和导电鞋

用于人体静电容易引起事故的场所，其中，导电鞋只能用于电击危险性不大的场所。为了保证消除人体静电的效果，鞋的底部不得粘有绝缘性杂质，且不宜穿高绝缘的袜子。

绝缘鞋

用于对电气作业人员的保护，防止在一定电压范围内的触电事故；绝缘鞋只能作为辅助安全的劳保用品，防护性能要求必须良好。

防砸防刺穿安全鞋

主要功能是防止坠落物砸伤脚部。鞋的前包头有抗冲击的材料，鞋底有防穿刺保护，防止脚被各种坚硬的物件刺伤。

图 5-28 防砸防刺穿安全鞋

防酸碱鞋

用于地面有酸碱液及其他腐蚀液的作业场所。防酸碱鞋的鞋底和鞋面要有良好的耐酸碱性能和抗渗透性能。

劳保鞋除了须根据作业条件选择适合的类型外，还应合脚，穿起来使人感到舒适，也需要具有正常的鞋子的防滑功能，防止操作人员滑倒而引起事故。

7. 护士鞋

护士鞋，顾名思义，通常指护士工作时穿的工作鞋，具有白色、软底、软面、浅鞋跟等特点。医院用的护士鞋一般是布面胶底鞋。这种鞋除了轻便耐用、穿着舒适之外，鞋底防滑、行走静音、易于打理等特点也是非常重要的。据统计数据表明，医护行业人员每天行走约为 2 万步，工作时长 8 个小时以上，长时间走路会令护士的脚肿大且容易出汗。护士有如此高强度的工作，选

图 5-29　护士鞋

择一双舒适的鞋是非常重要的。因此，护士鞋底部应该又轻又软，还应该具备防滑、耐磨，静音等特点。鞋面要柔软透气且富有弹性，以应对高强度行走引起的脚肿胀等问题；鞋内里要有防臭、防霉、抗菌功能；鞋跟基本都是在 3 厘米上下，使人长时间行走或站立也不容易感到疲劳。

第六部分

老人怎么选鞋

国内相关调查发现，在 60 岁以上的老年人当中，有近 1/3 的人存在着足部健康问题，并且鞋子是导致其足部问题的主要原因。所以，对于老人们来说，买一双好鞋至关重要。

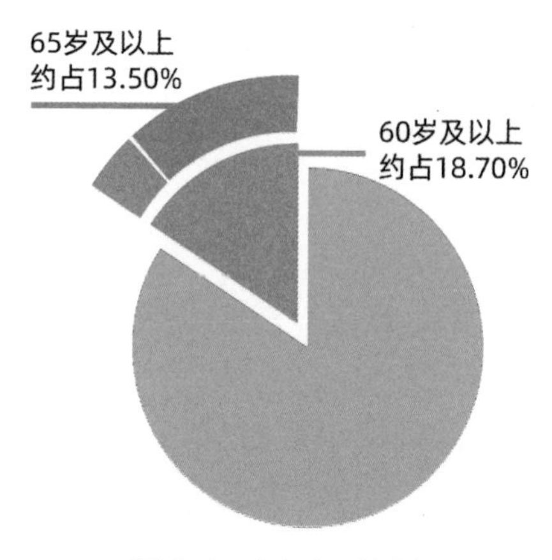

图 6-1　老年人口比例

人口老龄化是我国社会变化的一个重要趋势。广泛开展老年健身运动，提高老年人的生活质量，是实现健康中国战略目标的重要组成部分。

老年人的养生运动与年轻人不同。老年人要根据自己的身体情况和锻炼的水平，选择一些强度不大的运动，例如太极拳、广场舞、快走、慢走、散步等。开始时，运动量要小，然后再逐渐增加运动量，如适应性在逐渐提高，则说明体质也随之增强了。

一　老人运动鞋

老年人在运动之前一定要做准备活动，锻炼时也要注意场地和环境的安全。老年人挑选运动鞋的四大要素是合脚、透气、轻便、防滑，不能只重视款式和品牌，合适的运动鞋可提高运动质量，也能防止老人在运动中摔倒。

同时，选购老人运动鞋时，也要考虑老年人的脚部特点（脚变宽、足弓变平等）来选择鞋的设计与功能，比如选择加宽加高的鞋楦、方便穿脱的魔术贴、加固后帮、贴合脚踝、三分之一处正确弯折、3D 抗扭转、防滑减震的鞋底等。

图 6-2　老人运动鞋

国内相关调查发现，在 60 岁以上的老年人当中，有近 1/3 的人存在着足部健康问题，并且鞋子是导致其足部问题的主要原因。所以，对于老年人来说，买一双好鞋至关重要。

1. 日常散步健走鞋

健步鞋是老年人在进行户外散步、逛街等轻量休闲运动时的配套用鞋。一双合格的健步鞋最应该具备的首要特征是轻便，其次才是透气和防滑。比较理想的健步鞋重量是在 500 克以内（单只鞋子小于 250 克）。研究表明，鞋子重量每增加 1 克，对足部造成的负担相当于在人的脊背上增加十几克的重量，因此鞋子越轻，越容易有舒适的脚感。至于健步鞋的透气和防滑功能，其实完全可以参考轻量运动鞋的标准。正常的慢跑鞋就很适合老年

图 6-3　日常散步鞋

人户外运动。另外老年健步鞋的宽窄一般以脚面受力时能够完全展开为好，长短以脚尖不夹不顶，且行走时脚不在鞋内滑动为好。

2. 广场舞鞋

广场舞是许多老年人喜爱的运动方式之一。跳广场舞时一定要选择一双合适的鞋，才能达到良好的运动效果，同时也能更好地保护双脚。广场舞是有一定强度的有氧运动，因此对鞋子的缓冲减震和防滑性能都有一定的要求。首先广场舞鞋别选平底的布鞋，鞋跟需要有点高度，落差在 1 厘米以内最好。有跟高的鞋子才有助于分散脚底的压力，避免身体的重量集中到足跟骨部位。鞋底不能太软也不能太硬，要有缓冲减震的功能。鞋的大底最好选择有橡胶防滑贴片的。其次鞋子中段的柔韧度要适中，不易崴脚，挑鞋时可以用手扭转观察，完全扭不动或可以扭成麻花状的都不行。最后要穿透气性好的鞋子，尽量避免 PU 材质，可以选

图 6-4　广场舞鞋

择网布，它的透气性能最好。另外广场舞鞋可以用魔术粘扣、鞋扣等固定，穿脱也比较方便，而鞋带松开会增大跳舞时被绊倒的风险。

3. 太极拳、太极剑鞋

太极鞋是练太极时穿的鞋子。太极鞋的款式偏向于布鞋款式，鞋子重量很轻。一般的运动鞋并不太适合打太极拳时穿，因为各式太极拳对脚的要求是不同的。例如弓步，杨氏太极拳要求前脚顺，即脚尖向前，后脚外撇约 45 度，而吴氏太极拳要求所谓“川字步”，两只脚尖都朝前，虚步也如此。如果做错了，就都可能造成膝关节损伤。所以太极鞋的功用也是不容小觑的。太极鞋现在一般有帆布鞋和皮鞋两种，鞋底比较大，呈“S”形，便于脚底足弓受力与发力，更适合练太极拳。最好的太极鞋鞋底是牛筋底。牛筋底弹性较好，且较耐磨。太极拳有许多脚部的

图 6-5 太极鞋

动作，有时要前脚掌着地捻动，有时要脚后跟着地捻动，所以舒适的太极鞋应该让脚很容易感知地面，还应该在防滑性良好的同时，鞋底有让脚比较容易转向的花纹，且鞋底应较普通的运动鞋要薄。鞋面最好采用柔软透气的材质。鞋的固定方式一般使用系带款式，适用不同的脚型宽度，也容易跟脚。鞋帮也应比较柔软，且鞋口后侧内应该包软棉，多层保护更能有效地使脚腕部位不被磨损。最后，太极鞋的后跟应该垂直于脚跟，这个也跟太极拳里面有很多的后坐动作有关。

4. 户外鞋

老年户外鞋，泛指老年人进行不同类型户外运动时穿的各具功能的鞋。老年户外鞋不包含进行登山这种高强度运动的登山靴。老年户外鞋的设计目标是中短距离负重较轻的步行用鞋，适合在较为平缓的山地、丛林进行一般郊游或野营活动。这类鞋通常是鞋帮在 12 厘米以下的中帮或低帮鞋，有保护脚踝的结构。鞋的大底采用耐磨防滑橡胶材质，中底用富有弹性的微孔发泡材料，既可减轻地面对脚的冲击，又可缓解体重对脚形成的压力。鞋底通常也会有龙骨设计，可以有效地防止鞋底变形，并获得较好的抗冲击力，增强整鞋的支撑力。鞋帮有全皮、防水革面或皮革混合材料的，也有的款式不作防水处理。总的来说，一双户外鞋应具有五个方面的基础功能：

支撑力。为了适应户外复杂的地形，满足负重状态下的徒步，户外鞋必须有良好的支撑力。户外鞋的支撑力与鞋底的结构有直接关系。

减震性。人每步行 1 公里，一只脚就要承受 600 ~ 700 次的体重冲击。如果鞋没有良好的减震系统来缓解这种冲击，一天的旅行一定会使双脚感到疲惫不堪。

防滑性。当老年人行走在复杂的地形时，每行走一步都有着摔倒的风险，因此要求户外鞋必须有良好的防滑性，牢牢地抓稳地面，使老人安全地迈出每一步。

防水性。一双没有防水功能的户外鞋，浸水后不仅很重，容易使脚受伤，如果在严寒的季节，还容易导致冻伤。所以一双品质好的户外鞋，应该具备良好的防水性。

坚固耐用。一双性能卓越的户外鞋必须有坚固耐用的特点，才能适应各种复杂的地形。如果户外鞋动辄掉底开胶，又怎能陪伴你去走完旅途行程呢？

图 6-6 老年户外鞋

二　室内居家鞋

1. 居家拖鞋

老年人居家的时候多，于是轻巧、方便的居家拖鞋就成了他们日常生活的必备品。而对年事渐高的老人来说，如果拖鞋不合脚，不仅易致疲劳，还可能增加摔倒风险。所以，老年人在选择拖鞋时，合脚为第一要素，不宜太宽松，也不宜太紧。拖鞋的长度与脚长相符为好，这样既能让双脚充分放松，也让鞋容易跟脚。鞋底的防滑性能也要有所考虑。与地面的摩擦力太小，容易滑倒，因此最好选择布底的，或者牛筋底或鞋底花纹比较深的

图6-7　居家拖鞋

鞋，防滑性能就会比较好。鞋底不能太薄。太薄的鞋底容易硌脚。最好选择稍微有点后跟的拖鞋，以减轻足跟骨压力，分散脚底压力。最后尽量选有大面积鞋面的拖鞋，别穿细带的人字拖。人字拖不能给脚部足够的支撑面，老人走路时带不起鞋子。因此老人最好选鞋面是一整块的拖鞋，更为舒适、安全。

2. 浴室防滑拖鞋

随着人口老龄化的到来，如何保障老年人的生活便利和安全就变得格外重要。老年人在浴室里沐浴时如何避免滑倒，就是其中一个很重要的方面。老年人在浴室滑倒后如果磕到了台面、浴缸等硬物还有昏迷的风险，而且在水声的掩盖下有可能呼救都没人听见。

普通拖鞋为什么爱打滑？翻过来看看鞋底就知道了。普通拖鞋用的材料轻便柔软但不耐磨，鞋子穿久了之后防滑纹路就磨没了，想不滑都难。浴室防滑拖鞋最关键的就是防滑纹路和防滑材料。

首先，看鞋底的防滑底纹。鞋底纹路要清晰深刻，还要有排水设计，以便快速排水并增强鞋底的抓地力，提升防滑性。其次，为了避免鞋子里积水，防滑拖鞋通常会在鞋底开几个洞，这也是为了排掉鞋里的水。最后，是鞋底材质的防滑性能。EVA 材质轻便，我们爱穿的人字拖大多是这种材质，日常穿着很舒服，不过基本不防滑；PVC 的发泡拖鞋防滑性相对较好，不过穿着时间长了会发臭；橡胶材质的鞋底，耐磨性和防滑性都很好，是浴室拖鞋的首选材料。

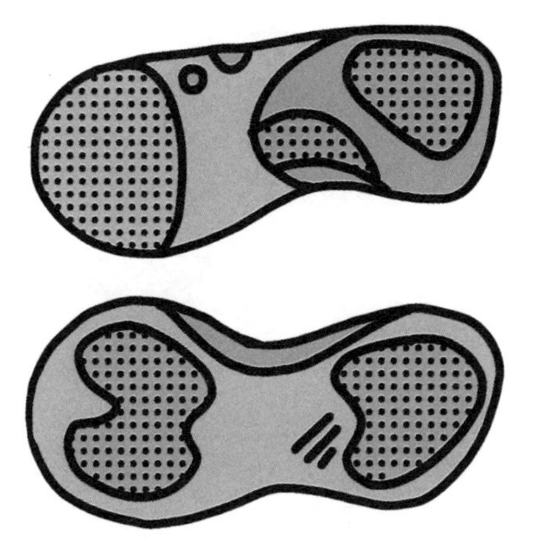

图 6-8　浴室防滑拖鞋

3. 不可忽视的厨房防滑鞋

除了浴室以外，厨房是更容易被忽略的存在危险的地方。做饭产生的油污和水渍极易让地面变得湿滑。因此厨房的地面最好全部铺设防滑和抗污性好的地砖。至于厨房防滑的鞋子，其主要功能是油上止滑，而普通的鞋子是无法在有水、油、洗洁剂的地面安全行走的。专用的厨房用鞋叫厨师鞋，其基本要求是要通过瓷砖地面和不锈钢板上有十二烷基硫酸钠溶液和甘油的防滑测试。

厨师鞋最好选择复合底（即 EVA+ 橡胶底）的鞋子。作为轮胎的主要材料，橡胶有着优异的防滑耐磨性能，而且耐油、耐酸碱性也很好，适合厨房这种水、油较多的环境。纯橡胶底的鞋子会偏重一些，而 EVA 中底 + 橡胶底则可以减轻鞋身的重量，使

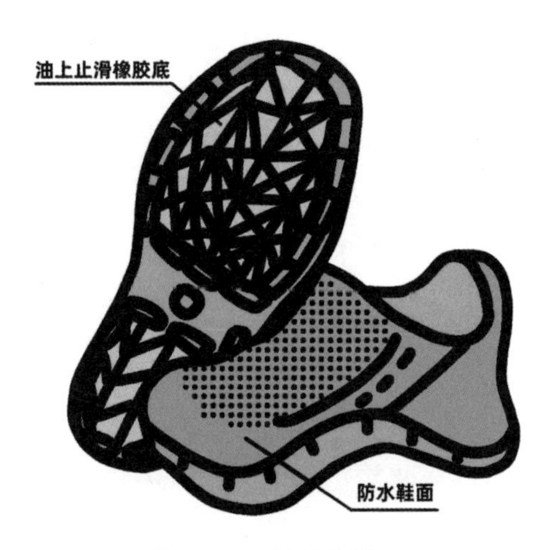

图 6-9 厨房防滑鞋

鞋子兼顾轻便和防滑性。另外厨师鞋最好有防砸的功能，以免菜刀、菜板等重物或尖锐物意外掉落砸在脚上造成伤害。

三 老人脚的常见问题和选鞋建议

俗话说“人老脚先老”。随着年龄增长，大部分中老年人会出现不同程度的足部问题。常见的老年人脚部问题有：足弓塌陷、踇趾外翻、跖骨痛、足跟痛、足趾畸形、足部关节炎，以及类风湿、糖尿病等引起的脚部浮肿。

1. 踇外翻如何选鞋

踇外翻是指踇趾在第一跖趾关节处向外偏斜超过正常范围的一种足部问题，俗称“大脚骨”。踇外翻是一种复杂的涉及多种病理变化的足畸形，多见于中老年女性。踇趾外翻的成因有很多，其中最主要的包括遗传、异常足部生物力学和穿着不合适的鞋子。

踇外翻的保守应对包括：选择宽松甚至露趾的鞋子；每天向外侧掰一掰大脚趾；穿戴踇外翻护垫、分趾垫及夜间使用外展支具，等等。要实现逆转踇外翻却很难。以上方法适用于踇外翻初期阶段，对于比较严重的，这些方法基本无效，除了手术外没有其他更靠谱的办法。

踇外翻的选鞋原则主要有三个。第一，要尽量少穿尖头的使脚趾受挤压的鞋子，鞋子的型宽也一定要够，防止鞋子一直摩擦

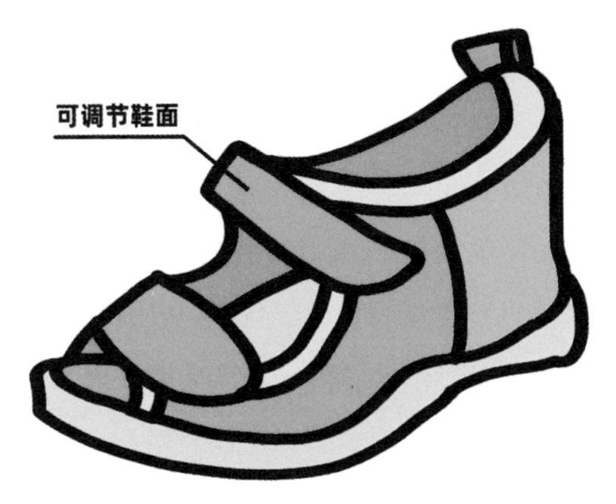

图 6-10　踇外翻鞋

踇趾肿痛部位。第二，鞋跟的高度最好在 2 ～ 4 厘米。因为踇外翻通常会伴随着足弓塌陷，而中低跟的鞋子可以在一定程度上缓解足弓塌陷带来的足底力学偏移，此外平跟和高跟的鞋子都尽量不要再穿。第三，鞋柜中至少要有几类鞋子，适合不同场合穿。如上班时准备高跟与坡跟两双皮鞋轮换着穿，日常生活中多穿休闲鞋，运动时穿运动鞋。

2. 糖尿病足与鞋

糖尿病足是糖尿病的严重并发症之一。据文献统计，糖尿病足的发病率在糖尿病住院患者中约为 15%。糖尿病患者的足部神经受到损害，患者感觉不到冷热疼痛，这种情况被称为“感觉性糖尿病神经病变”，会导致双脚不能很好地对齐，还会导致足部的压力集中，引起皮肤破溃、溃疡。另外糖尿病也会影响足部的血液循环。没有良好的血液流动，伤口感染不易愈合，会增加患足部溃疡或产生坏疽的危险。糖尿病鞋是为了保护糖尿病足而专门研发设计的，其科学的选材与良好的做工可有效保护糖尿病足。糖尿病足部溃疡的形成，与患者站立或行走过程中，溃疡部位反复承受较高压力直接相关。大量的临床案例发现，通过给糖尿病患者穿特制的舒适鞋和用高分子材料做成的鞋垫，能防止糖尿病患者足部溃疡的发生，大大降低截肢率。因此，糖尿病患者的专用鞋、鞋垫和袜子，都要选择柔软舒适的材料，要接缝平整，无针脚凸起，无结节，且不会引起皮肤损伤。

图 6-11　糖尿病足鞋

糖尿病足鞋一定要是宽松透气不磨脚的，帮面尽量选用优质柔软的牛羊皮；鞋垫可使用 EVA 特殊减压材料，也有使用记忆海绵材料的，可分散足部的受力点，有效起到减压的作用；鞋底可使用超轻的发泡材料，以实现耐磨、防滑、轻便的功能；鞋内要有一定的透气抗菌功能，有效抑制鞋内有害细菌的滋生与繁殖。总的来说，糖尿病足鞋应宽松、减压、抗菌、透气，才能有效预防糖尿病足的发生和避免糖尿病足的恶化。

3. 痛风/脚浮肿与鞋

足部有痛风石和浮肿的老人，首先应该选择宽大的鞋子，最好鞋面是那种可以直接翻开的大开口的魔术贴，为足部关节提供充足的空间，减少关节与鞋面的过度摩擦。特别是对于足关节有明显痛风石的患者来说，选择宽大的鞋子是很重要的。其次是要选择鞋内深的鞋子。痛风患者的脚部是忌冷的，需要注意关节保暖。最后还应选择支撑性强的鞋子。痛风患者关节支撑功能都会

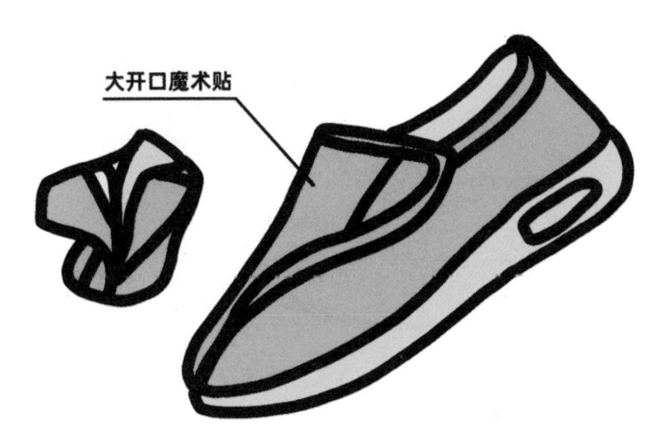

图 6-12 痛风鞋

有一定的退化，而鞋子的足弓支撑和跖骨支撑能保证鞋子的支撑性和稳定性，减轻外界对患者足部的撞击力，也降低了痛风关节二次受伤的风险。

4. 中风/偏瘫护理鞋

中风是一个发病率、致死率、致残率都很高的疾病。脑卒中患者经过急性期治疗后，很多人卧床在家，不能行走。急性期过后，患者都需要精心设计康复计划，经起立床训练、物理运动疗法及步态训练等综合康复治疗后，大部分患者都可以恢复到可以独立步行的程度。这段时期的鞋子选择主要应满足护理需要，不管是对护工还是患者自己来说，护理鞋最重要的功能都是穿脱方便，另外鞋子的材料必须是亲肤、环保、透气的，通常采用整鞋都可以全部打开的设计，鞋面和鞋后帮都是魔术贴式，可以自由调节大小。护理鞋的穿脱通常是把鞋子打开，把脚放进去，然后把魔术贴贴上。对于行动不便的轮椅上的老年人来说，护理鞋的象征意义已经大于鞋子的运动功能，但即便是坐着轮椅出门溜达一圈，也是要整整齐齐穿上鞋子的。

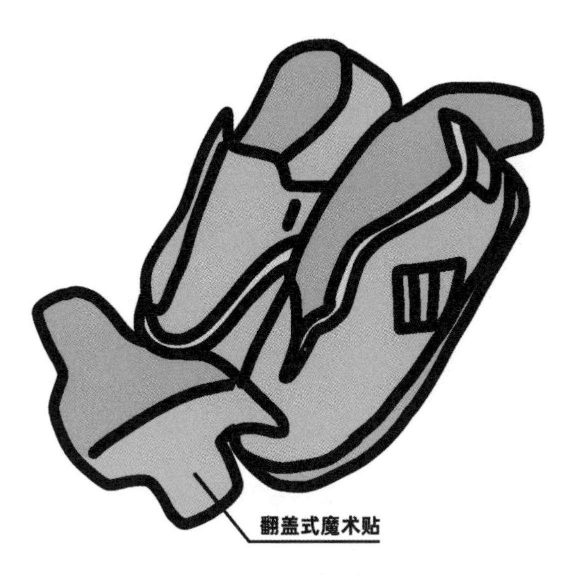

图 6-13　中风护理鞋

四 老人鞋的市场现状

1. 鞋类可能含有的有害物质

甲醛。通常出现在胶水中，浓度高时有强烈的刺激气味，能使人体呼吸道发炎，还会导致皮炎，对人体免疫系统造成影响，甚至会引发癌症。

偶氮。通常出现在染料、皮革和纺织品中，能引起人体病变甚至诱发癌症。

六价铬。通常出现在皮革生产过程中，能被皮肤吸收而导致长期不愈的皮疹或溃疡，可致癌。

重金属。可能存在于皮革、染料或装饰物中，沉淀于人体内后难以排出。

邻苯二甲酸酯。可能存在于涂层、塑料、印花涂料等中，危害人体肝脏和肾脏健康。

富马酸二甲酯。可能存在于防腐防霉剂（鞋盒）上，会引起皮肤红肿、皮疹、溃烂和灼伤，伤害人体肝脏和肾脏。

N- 亚硝基胺。可能存在于橡胶鞋底，有致癌性。

2. 如何避免有害物质的伤害

穿袜子。特别是热天，袜子能隔绝大部分的有害物质。

尽量买可以水洗的网布面的鞋子，穿鞋之前先过水洗一遍，因为甲醛溶于水。

如果要买皮面的，尽量买真皮的，大企业、大品牌的超纤材质的鞋也可以，PU 人造革有问题的概率比较大。

3. 老人鞋的稳定性很重要

老人的脚处于功能退化的阶段，选鞋的基本原则和儿童鞋一样，安全第一。选择方法如下：

一折。鞋底弯曲部位在前部约三分之一处；

二捏。鞋子的后帮和前头要硬；

三拧。对拧鞋子不易变形；

四按。手按鞋内部前掌部位，太柔软的不要选；

五闻。闻鞋子是否有异味，异味太大的不要选！

参考文献

[1] 丘理主编 . 一双好鞋 2 [M] . 北京：中国轻工业出版社，2015.

[2] 丘理，林登云，黄小花，等 . 孩子这样穿鞋才健康 [M]. 北京：中国妇女出版社，2021.